王舜之◎著 孔庆东◎

U0679301

茶道

吉林出版集团股份有限公司

图书在版编目（CIP）数据

茶道 / 孔庆东主编. — 长春 : 吉林出版集团股份
有限公司, 2016.6
　（品读经典 / 孔庆东主编）

　ISBN 978-7-5581-1492-2

　Ⅰ. ①茶… Ⅱ. ①孔… Ⅲ. ①茶叶－文化－中国
Ⅳ. ①TS971

　中国版本图书馆CIP数据核字（2016）第122496号

茶　道

著　　者	王舜之
主　　编	孔庆东
总 策 划	马泳水
责任编辑	齐琳　史俊南
装帧设计	中易汇海
开　　本	880mm×1230mm　1/32
印　　张	8.75
版　　次	2018年9月第1版
印　　次	2018年9月第1次印刷

出　　版	吉林出版集团股份有限公司
电　　话	（总编办）010-63109269
	（发行部）010-67482953
印　　刷	北京欣睿虹彩印刷有限公司

ISBN 978-7-5581-1492-2　　　　　定　价：39.80元

序

古人说："刚日读经，柔日读史。"本来说的是什么时间读什么书，从侧面看来，我们的前辈多么勤奋，每日读书，并不留空闲。

在一个号召"全民阅读"的时代，如何阅读，阅读什么，成为新常态下的新课题。数千年来的文化传统和我们祖先的经验告诉我们，那就是"阅读经典"。这套"品读经典"丛书，其旨趣、其志向，大概就是"打通"这样一个目标。

我也经常说，只有阅读经典著作，建立了平衡的知识结构，才能做到"风吹不昏，沙打不迷"。

古人又说，一日不读书，心源如废井。

在我看来，读书应该是日常生活的组成部分，就像呼吸空气那样。

我在北大附属实验学校的一次报告会上曾经谈过，要读书，读好书，也只有那些有独创思想的著作才能称为"书"，才可能成为经典。

经典书，也就是我们常说的"真正的书"，它应具有独特性、原创性、思想性。独特性就是与众不同，是自己独立思考的东西；原创性就是"我手写我心"；思想性就是必须加入自己个体的思考。

另外，经典书均为文史哲范围，因为这些书属于上层书，其思想辐射至其他专业。今天我们有几百个专业，它们并不是在一个平面上展开的。

我们要每天读点儿书，滋润自己的心灵。读书不是立竿见影之事，不能立马改变生活，它是个慢功夫。几天不读好像没什么，其实你已经落后了，而当你水平提高了又不容易下去。

对于个人来讲，我们把学到的知识用到实践当中，用到一点儿就足够我们享用一辈子了。表里不一对于国家来说是毁国家前途，对于个人来说是毁自己前途。很多人总是发明新道理，但是我觉得旧道理够用。

知道了之后再实践了，这才是真正的读书人。

古人言："读万卷书，行万里路。"

"读万卷书"是前提，"行万里路"是实践，把知识实际地运用。孔子讲的"忠、恕、仁"这几个概念，你能把它实践好就很不错了，懂了这些道理你读书就很快乐。有了这种精神状态之后，你就会持一个乐观的心态。读书最后还是为了自己，使自己成为一个乐观快活的人，让自己活在这个世界上特别有劲。

我们既要"行万里路"，也要"读万卷书"，更要读好书，读经典书。

著名学者汤一介先生说，一本好的经典，"可以启迪人们的思考，同时也告诉我们应该重视经典"，面对先贤的智慧，面对我们两千余年来的诸子百家、孔孟老庄，"我们必须谦虚，向经典学习"，也许这就是"品读经典"丛书出版的意义。

前　言

　　"洁性不可污，为饮涤尘烦；此物信灵味，本自出山原。"此诗中赞美之物就是茶。茶是世间最圣洁、最清灵之物，它立于中国近五千年的历史长河中，笑看世事变迁，同时将自己的美好分予世人。人们在茶中品饮人间情、世间味，从而感悟出别样的茶味人生。

　　仅仅一杯清茶，便已饱含世间百态。茶从不以高傲之态面对世人，无论贫穷富有、卑贱尊贵，每个人都可以享用它。达官富人以"红泥小炉、娈婉卯童"烹煮出的茶极致香醇；妙玉道姑用"梅花上收的雪"泡出来的茶清纯脱俗；布衣百姓用粗瓷大碗冲的茶也同样甘洌芬芳。从"白菜青盐米子饭，瓦壶天水菊花茶"中，我们不难看出，郑板桥是多么醉心于这种与茶为伴的闲逸生活。由此可见，人们在品茶之时，品的不只是茶味，更是自己的心境。茶在经过沸水冲沏、浸泡之后方可凝香吐味。人生亦是如此，人只有在经历人间冷暖、飘摇浮沉之后，才能感悟出人生真谛。

　　一些人醉心于泡茶的艺术，并将其称为"茶道"。茶道发源于中国，有着悠久的历史。早在唐代，就有了"茶道"这个词。茶道不仅指泡茶的过程，还体现了中国人追求"清静平和"的哲学理想和推崇"恬静淡远"的审美情趣，与"内省修行"的宗教思想也有异曲同工之妙。

本书涵盖了茶的历史、茶的艺术、茶的功用、茶的文化和茶的风情五个方面，希望通过对相关知识的介绍，广大读者能够对"茶"有一个更加系统而全面的认识，进而对"茶道"有更加深刻的体会。

　　下面，就请您翻开这本书，抛开尘俗的纷扰，让茶香包裹着心灵、茶味浸润着思绪，进行一次别样的茶道之旅吧！

——《品读经典》编委会

目 录

第二章

赏其艺

品读经典

二

第三章

享其用

第四章

悟其道

第五章

览其情

品

读

经

典

六

第一章

话其史

远至神农，近至今朝，茶香依旧，远播四方。茶，贵为『国饮』，是世界三大饮品之一，翻开每一页史书，我们几乎都能嗅到它的香味。想要了解茶，理解博大精深的茶文化，我们就要翻开这悠悠茶史，探寻茶的起源、发展与传播。

一 茶的起源

茶，源于中国，自发现起，就一直为人们所用，至今已有数千年的历史。在漫长的岁月里，茶不仅滋润了人们的日常生活，还时刻启迪着人们的内心世界。

传说与记事

茶，原产于中国，所以中国素有"茶的故乡"之美称。中华民族的先人们发现并利用茶的历史，可以在很多传说与记事中找到，从中我们可以发现人类早在远古时期就对茶有了初步的认识。

古时传说

在民间，关于茶的起源，有神话亦有传说。上古时期，还没有发明文字，人们只有靠口述来传记事宜。文字出现后，事物才被记录成册。据考证，我国第一部药物学专著是战国时代（前

475—前221）的《神农本草》。书中有关于茶的起源的记载："神农尝百草，一日遇七十二毒，得茶（即茶）而解之。"关于这段记载，有两个不同版本的传说。一是传说神农为给百姓治病，尝遍百草以配制草药。在煮水时，茶叶偶然落入锅中，神农在品饮后发现其口感清爽，并具有一定的药效，便把茶叶作为可治病的饮料向百姓推广。另外一个版本是说神农在尝百草配药时，食入金绿色滚山珠而中毒，倒在茶树下。有露水自茶树叶流入神农的口中，解了神农所中之毒，从此，茶叶便被人们所应用。无论哪一版本都说明了茶被发现是在神农时期。

古书记事

根据《神农本草》记载，茶能解毒，这个说法已经被历代医学家证实，现在茶也被用做解毒剂。茶可以解毒，必然被视为珍品。到了周代，人们非常重视岁时祭祀，就将茶作为祭品。《礼记·地官》记载"掌荼"和"聚荼"以供丧事之用。由此可知，3000年前茶叶的用途就被扩大了，成了祭品。

到了春秋时代（前770—前476），茶的用途有所发展，除了被视为祭祀珍品外，还被作为食品。晏婴《晏子春秋》说："晏相（前514年左右）齐景公（前547—前489）时，食脱粟之食。炙三戈五卵茗菜耳。"这段记事可说明在公元前6世纪，茶叶已经从祭品发展到菜食了。《魏王·花木志》中记载："嫩叶谓之茗。"茗即茶。到了西汉宣帝神爵三年（前59），王褒所著《童约》前段说"脍鱼炰鳖，烹茶尽具"，后段说"武阳买茶"，可知西汉时茶叶生产已遍布多处，而且产量也很高，所以才能投入

市场。到王褒的时候，茶叶已经成为士大夫们的生活必需品，所以王褒在《童约》中写家僮每天都要在家烹茶，还要外出到武阳买茶。

解"茶"字寻茶树

我国是茶树原产地，茶叶生产具有悠久的历史。宋代杨伯岩撰写的《臆乘》上说的"茶之所产，《六经》载之详矣"证明了这一点。但是也有人对这一说法持有怀疑态度，认为中国史书上记载的"茶"没有确定的意义。其实，中国文字的发展经历了复杂的进程，它和茶树的起源一样都需要后人不断地去探究。

"茶"字的由来

在我国古代，表示茶的字有很多。《茶经·一之源》里列举了唐代以前人们对茶的几种称呼："其名，一曰茶，二曰槚（音甲），三曰蔎（音设），四曰茗，五曰荈（音喘）。"

晋代郭璞注、宋代邢昺疏的《十三经注疏·尔雅注》里，茶被叫做"槚"。

西汉司马相如的《凡将篇》里，把茶叫做"荈诧"，并将其列为二十种药物之一，是我国历史上最早将茶列为药物的文字记载。西汉末，扬雄（前53-公元18）在其《方言》中谈到蜀西南产茶，把茶叫做"蔎"。

东汉许慎在《说文解字》里有"茗，茶芽也"的解释。晋代

成书的《华阳国志·巴志》里亦有"园有芳蒻、香茗"的记载。

在古代，还有把茶叫做"瓜芦木"、"皋芦"的记载。东汉时的古籍《桐君录》中，茶叫"瓜芦木"。东晋学者裴渊在《广州记》中说："酉平县出皋芦，茗之别名。叶大而涩，南人以为饮。"

不过，也有说法认为，"茶、槚、荈、茗、蔎"指的是在不同时间采的茶，早采的叫做"茶"，晚采的叫做"槚"、"茗"或"荈"。然而对于"茗"，也有说法认为指的是茶的嫩芽，并不是晚采的茶。在茶的众多称呼中，使用最为普遍，流传也最广的是"茶"字。

一般认为，唐代中期（约8世纪）以前，茶写为"荼"。据查，"荼"字最早见于《诗经》，在《诗经·邶风·谷风》中记有"谁谓荼苦？其甘如荠"；《诗经·豳风·七月》中记有"采荼、薪樗，食我农夫"。但对《诗经》中的"荼"，有人认为指的是茶，也有人认为指的是苦菜，至今看法不一。最早明确以"荼"字表示"茶"字意义的，是我国最早的一部字书——《尔雅》，其中有："槚，苦荼也。"但由于"荼"字多义，容易引起误解，而且"荼"是形声字，从草余声，草字头是义符，代表它是草本植物，而实际上，从《尔雅》起，人们就已发现茶是木本植物，用"荼"指茶，名实不符，所以便用从木荼声的"槚"字来代替"荼"字。当时，"槚"、"荼"两字都有使用。

随着茶的发展与兴盛，在民间，人们逐渐以"茶"取代了"荼"字。《说文解字》将"茗"释为苦荼，并指出"荼"为今之"茶"字。有人认为《说文解字》是最早正式记载"茶"字的著作，但学术界普遍认为"茶"最早出自唐玄宗御撰的《开元文

字音义》。陆羽在《茶经·一之源》中写道："其字，或从草，或从木，或草木并。"原注释："从草，当做'茶'，其字出《开元文字音义》；从木，当做'槚'，其字出《本草》；草木并，作'荼'，其字出《尔雅》"证明了这一点。

"茶"字虽在民间广为流传，且被收录于《广韵》与《开元文字音义》中，然而在正式场合，仍然用"槚"，而非"茶"。唐高宗显庆四年（659），苏敬等撰的《唐本草》与盛唐陈藏器撰写的《本草拾遗》中，都将"茶"记录为"槚"。精于茶道、嗜茶成瘾的陆羽一生最大的贡献之一，便是在其著作《茶经》中将"茶"的所有称呼统一规定为"茶"。至此，"茶"的形、音、义被确定并逐步流传开来。

茶树的起源

按照植物学分类方法，茶树属被子植物门、双子叶植物纲、原始花被亚纲、山茶目、山茶科、山茶属。它是一种常绿木本植物，乔木型茶树高度可达15至30米，基部树干为1.5米以上，寿命可达数百年甚至上千年之久。目前，最常见的是栽培类茶树。为了使其多产芽叶和方便采收，人们往往用修剪的方法抑制茶树纵向生长，促使茶树枝横向扩展，所以，树高多在0.8至1.2米之间。茶树的经济学年龄一般为50至60年。

茶源于中国，在人们发现并利用它之前，它便已存在。中国被称为"茶的故乡"，有文字证明，早在商周时期，人们就已经开始培育与利用茶树。随着时间的推移，茶经验慢慢积淀，代代相传，传播范围也越来越广。

那么，茶树究竟起源于何时呢？植物学家们按照植物分类学方法追根溯源，进行了一系列分析研究：茶树所属的被子植物起源于中生代早期，繁盛于中生代中期；根据目前的地质发现，山茶科植物化石又出现在中生代末期白垩纪的地层中；而在山茶科里，山茶属是比较原始的一个种群，它出现于中生代末期至新生代早期；茶树是山茶属中比较原始的一个物种。据此，植物学家推测，茶树至今已有6000万至7000万年的历史了。

茶树

提到茶树的起源，除时间外，还有空间问题，那就是茶树的出生地是哪里。随着科技的发展，人们证明——中国是茶树的故乡。在中国最早的解释词义的专著《尔雅》中便提及了野生大茶树。如今，更有资料证明，野生大茶树遍布中国10个省区，多达198处。云南省内野茶树树干直径在一米以上的就有10多株，其中一株的树龄已达1700年左右。有的地区，野生茶树群落占地达数千亩。我国已发现的野生大茶树，其时间之早、数量之多、树体之大、分布之广、性状之奇均居于世界首位。经考证，印度发现的野生茶树也是从我国引入的茶树的变种，这更有力地证明了中国是茶树当之无愧的"摇篮"。

二 茶的发展

在我国，茶被誉为"南方之嘉木"。茶的生产和饮用已有几千年的历史，直到现在，茶依然是人们生活中不可缺少的一种饮品。

茶之为饮始自西汉

茶最初是被人们作为药物而使用的，后来又逐渐被推广为食材。茶之为饮晚于茶的药用、食用。

起初，古人直接含嚼茶树鲜叶，汲取茶汁后感到芬芳清口，而且还有一种收敛性的快感。久而久之，含嚼茶叶成为人们的一种嗜好，这可以说是茶之为饮的前奏。后来，随着人们生活水平的提高，生嚼茶叶的习惯逐渐转变成了煎服，即将鲜叶洗净后，置于陶罐中加水煮熟，连汤带叶一齐服用。煎煮后的茶，虽口感略带苦涩，但气味芳香浓郁，风味与功效都比单纯的含嚼略胜一筹，所以，人们渐渐养成了煮煎品饮的习惯，这也就是茶作为饮品的开端。

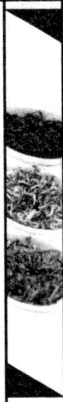

但是关于饮茶起源的时间，始终是众说纷纭，未有定论。大致来看，有先秦说、三国说、西汉说等。

先秦说

被尊为"茶圣"的陆羽在其《茶经·六之饮》中写道："茶之为饮，发乎神农氏。"可见，陆羽认为饮茶始于神农时期。陆羽这一论断源自《神农食经》中"茶茗久服，令人有力悦志"这段记载。神农被尊称为"农之神"，在古时候，人们认为神农是农业的创始人，并将他的事迹无限神化。其实，神农只是我国上古时期的一位部落首领，那些与他相关的传说，不免有些夸大。据考证，《神农食经》成书于汉代之后，所以饮茶始于上古神农时期这一说法，并不能完全使人信服。

清人顾炎武认为饮茶始于战国末期。他在著作《日知录·茶》中写道："自秦人取蜀而后，始有茗饮之事。"意思是巴蜀地区产茶，所以中国人饮茶开始于秦国统一巴蜀后。这一观点虽不是传说，但无直接的资料证明，只能被认做推测。

三国说

《三国志·吴书·韦曜传》中记载了一则以茶代酒的故事。"密赐茶荈以代酒"，句中的"茶荈"即是指茶。我们从这则故事中得知，三国时期的吴国宫廷中已有茶饮料。正是根据这一资料，《南窗纪谈》中认为饮茶始于三国时期。

三国时期东吴开始饮茶是有确凿证据的：当时巴蜀产茶，

东吴所饮之茶应来自巴蜀，那么巴蜀饮茶定早于东吴。因此可推断，我国饮茶时间必早于三国时代。

西汉说

清朝嘉庆年间，郝懿行在《证俗文》中写道："茗饮之法，始见于汉末，而已萌芽于前汉。"郝懿行认为饮茶虽见于汉末，但早在前汉就已经产生。

《僮约》是西汉习俗文化的代表作，作者王褒在书中提到"武阳买茶"、"烹茶尽具"。武阳指今四川彭山县，这说明，西汉宣帝神爵三年（前59）时，茶在四川已开始买卖，并且已出现较为完备的茶具。

由此可知，巴蜀是我国较早产生饮茶习俗的地区之一。这一时期，饮茶虽然是宫廷及官宦人家的一种高雅消遣，但饮茶的风气已经渐渐形成了。

所以，一般人认为，虽然中国人发现茶和利用茶要远在西汉以前，但中国的饮茶之风应该始于西汉。

▶ 烹茶器具

茶风渐浓于三国魏晋南北朝

中国人饮茶始于西汉，多集中在四川一带，西汉时期对茶作过记录的司马相如、王褒、扬雄均是四川人。

两汉时期，茶曾作为四川的特产进贡到京都长安，并逐渐向当时的政治、经济、文化中心——陕西、河南等北方地区传播；另一方面，巴蜀饮茶之风也沿着长江传播到了长江中下游地区。在这段时间里，除巴蜀地区外，茶仅仅是供上层社会享用的稀世珍品，饮茶仅限于王公朝士，民间百姓很少饮茶。

三国时期，制茶工艺得到极大发展，在王公贵族、迁客骚人之间，饮茶作为一种文化逐渐流行起来，民间也有少数人饮茶。魏代《广雅》最早记载了茶饼的制作与饮用方法："荆巴间采叶作饼，叶老者饼成，以米膏出之。"此后，茶逐渐融于其他人文学科。

南朝宋何法盛《晋中兴书》记："陆纳为吴兴太首时，卫将军谢安常欲诣纳，……安既至，所设唯茶果而已。"西晋刘琨《与兄子南州刺史演书》记："吾体中烦闷，恒假真茶，可信致之。"西晋左思《娇女诗》记："止为茶荈剧，吹嘘对鼎䥶。"南朝宋刘义庆《世语新说·轻诋第二十六》记："褚太傅初渡江。……刺左右多与茗汁。"又《纰漏第三十四》载："便问人云：'此为茶？为茗？'"

可见，两晋时期，文人饮茶风潮已经十分兴盛，出现了"做席竟下饮"的风气，不但文人士大夫间流行饮茶，在民间，饮茶也广泛流行。

南朝梁萧子显《南方书·武帝本纪》："我灵上慎勿以牲为祭。唯设饼、茶饮、干饭、酒脯而已。"《释道该说续名僧

传》："宋释法瑶，姓杨氏，河东人。……年垂悬车，饭所饮茶。"《宋录》："新安王子鸾，豫章王子尚，诣昙济道人于八公山，道人设茶茗。子尚味之曰：此甘露也，何言茶茗。"北魏杨炫之《洛阳伽蓝记》卷三城南报德寺："（王）肃初入国，不食羊肉及酪浆等物。常饭鲫鱼羹，渴饮茗汁。……时给事中刘镐慕肃之风，专习茗饮。"南朝宋山谦之《吴兴记》载"乌程温度，出御荈"，"长兴啄木岑，每岁吴兴、昆陵二郡太守才茶宴会于此，有境会亭。"

大量的史料均说明，南北朝时期的茶风与魏晋时期相比更加浓烈。而且当时吴兴（今浙江省湖州市）已经有了御茶园，采茶时节两郡太守都会宴集，据推测，可能是在督造茶叶以便上贡给朝廷享用。

两晋南北朝时期，文人雅士毫不吝惜笔墨，对茶大加颂扬，其中亦有许多名篇佳作流传至今。此时，茶已摆脱一般饮食形态，步入文化圈，并发挥着一定的精神、社会作用。中华茶文化在这一时期得以酝酿，为日后的成长汲取了充足的养分。

茶文化兴盛于隋唐

茶文化的主体是饮茶的文化，是在饮茶活动的过程中逐渐形成的文化现象。茶文化的产生是在茶被用作饮品之后，兴盛于隋唐年间。

唐代中期，茶叶在长江流域及其以南地区广泛流行起来，并自南方地区迅速向中原及边疆少数民族地区扩散，政府开始对

销往边疆地区的茶叶进行征税。在前代，茶叶只被零散地记载于医药、文化著作中，在唐代便已开始出现茶叶专著。茶文化发展至唐代已初具规模，成为独立的、全国性的文化形态。

据唐代杨华《膳夫经手录》中记载："至与开元、天宝之间稍稍有茶，至德、大历渐多，建中已后盛矣。"唐代的茶叶产地扩展迅速，据当时资料记载，茶叶生产地遍布全国76个州，分别分布在今四川、浙江、陕西、江苏、安徽等多个省市自治区，最北已延伸至今江苏连云港地区，茶叶产地之广完全可以与近代茶区相媲美，并且当时的茶叶名品已多达150多个。茶叶产地的扩大、品种的繁多，极大地推动了茶叶的生产与销售。

杨华的《膳夫经手录》中还记载了唐宣宗时期，蜀茶的销售市场已遍布长江中下游地区，而生产于赣浙皖一带的浮梁茶的产量是蜀茶的百倍有余。蒙顶茶更是岁出千万斤，被杨华赞为品居第一。通过杨华的记载我们不难看出，中唐时期的茶叶产量已相当高了。

此外，唐代的茶叶还销售至西北少数民族地区。据《封氏见闻录》中记载，唐代中期以后，饮茶开始风行南北，"穷日竟夜，殆成风俗，始于中地，流于塞外，往年回鹘入朝，大驱名马，市茶而归。"边疆少数民族开始饮茶后，便通过使者与商人进行以茶易马的茶马交易。从此，这种茶马交易在中国历史上逐步发展起来。

中唐时期，茶叶在进行买卖的同时，还被朝廷征收茶税，此时，茶叶的生产、买卖已成为全国性的社会经济活动。唐中期以前，朝廷并未向茶叶的生产和买卖征收赋税。但随着茶叶生产、销售的逐渐扩大，加上唐中期后镇压安史之乱所造成的国库困窘，唐德宗建中三年（782），"税天下茶漆竹木，十取

一"。这是中国历史上首次征收茶税。兴元元年（784），由于民怨，朝廷暂停征收茶税。但到了唐德宗贞元九年（793），朝廷恢复征收茶税，并成为定制。

唐代以前，茶在南方地区虽然历史久远，但并没有人为茶撰写一部专著。那时的茶只被作为一般的饮料来对待，并没有成为一门独立的正式学科。到唐代中后期，茶叶的蓬勃发展与人们对茶知识的渴求，催生出以陆羽的《茶经》为代表的一批茶学专著。这些专著的出现，标志着茶以一种独立、崭新的学科文化面貌面向世人。同时，这一时期也涌现了大量的咏茶诗文。唐代茶事上，卢仝的《茶歌》、陆羽的《茶经》与征收茶税一起被列为影响最大的三件事。

唐代茶文化还表现在饮茶人之多与享茶之道上。茶宴、茶会、茶食不再局限于待客之礼上，而以茶会友、以茶议事、以茶共趣等活动广泛流行于人们的日常生活中。

饮茶普及于宋代以后

宋秉唐志，饮茶之风越发盛行。这一方面源自宫廷茶文化的兴盛，另一方面源自市井茶文化与民间"斗茶"之风的兴起。宋人将唐人的煮茶法改为点茶法，并对茶色、香、味的统一越发地讲究。南宋初年，泡茶法出现，使饮茶更为简易、普及。

梅尧臣《南有嘉茗赋》云："华夷蛮豹，固日饮而无厌，富贵贫贱，亦时啜而不宁。"宋吴自牧《梦粱录》卷十六"鳌铺"载："盖人家每日不可缺者，柴米油盐酱醋茶。"可见自宋代

始，茶就成为开门"七件事"之一。

《梦粱录》卷十六"茶肆"记："今之茶肆，列花架，安顿奇松异桧等物于其上，装饰店面，敲打响盏歌卖，止用瓷盏漆托供卖，则无银盂物也。夜市于大街有车担设浮铺，点茶汤以便游观之人。大凡茶楼多有富室子弟，诸司下直等人会聚，习学乐器、上教曲赚之类，谓之'挂牌儿'。人情茶肆，本非以点茶汤为业，但将此为由，多觅茶金耳。又有茶肆专是五奴打聚处，亦有诸行借工卖伎人会聚行老，谓之'市头'。大街有三五家靠茶肆，楼上专安着妓女，名曰'花茶坊'，……非君子驻足之地也。更有张卖面店隔壁黄尖嘴蹴球茶坊，又中瓦内王妈妈家茶肆名一窟鬼茶坊、大街车儿茶肆、蒋检阅茶肆，皆士大夫期朋约友会聚之处。巷陌街坊，自有提茶瓶沿门点茶，或朔望日，如遇吉凶二事，点送邻里茶水，倩其往来传语。又有一等街司衙兵百司人，以茶水点送门面铺席，乞觅钱物，谓之'龊茶'。僧道头陀欲行题注，先以茶水沿门点送，以为进身之阶。"由这段描写可知，南宋都城临安（今杭州市）茶肆林立，不仅有人情茶肆、花茶坊，夜市还有"车担设浮铺，点茶汤以便游观之人"。有"提茶瓶沿门点茶"，有"以茶水点送门面铺席"，僧道头陀"以茶水沿门点送，以为进身之阶"。可见茶在社会生活中扮演着重要角色。

宋代茶文化的表现形式更为多样，饮茶技艺也更加纯熟。宋徽宗赵佶《大观茶论》序云："缙绅之士，韦布

▶宋徽宗赵佶

之流，沐浴膏泽，熏陶德化，盛以雅尚相推，从事茗饮。故近岁以来，采择之精，制作之工，品第之胜，烹点之妙，莫不盛造其极。"宋代著名的文人亦是著名的茶人。苏轼、苏辙、范仲淹、欧阳修、王安石、黄庭坚、梅尧臣等莫不爱茶，出自这些文人之手的茶诗、茶帖、茶画等一应俱全。这促使茶文化与文学、艺术等精神文化融为一体。

进入元代，我国茶叶生产有了更大的进步。到元代中期，做茶技术得以提高，制茶的功夫也愈发讲究，有些地方开始形成别具特色的名茶，它们被视为珍品，流传各地。值得一提的是，在元代开始出现机械制茶。据王祯的《农书》记载，当时有些地区采用了水转连磨，即利用水力带动茶磨和椎具来碎茶，比起前人来又前进了一大步。

到了明清时代，无论在茶叶的选择类型上，还是在饮茶方法上，都和前代有着显著差异。明代在唐宋散茶的基础上加以发展，使茶文化于明、清两代更为繁盛。绿茶是明代利用炒青法所制散茶的主要茶类，同时兼有部分花茶。清代又增现出红茶、黑茶、白茶、乌龙茶等茶类，基本确定了我国的茶叶结构种类，并且使"撮泡法"取代了"点泡法"。茶类的增加、泡茶技艺的改变，对茶具的款式、质地、花纹的要求也更高了。

明代的文人志士也创作出许多关于茶的传世巨作，如江南四大才子唐伯虎的《品茶图》、《烹茶画卷》，文征明的《品茶图》、《惠山茶会图》、《陆羽烹茶图》等。

清代，茶著、茶事、茶诗数不胜数，同时茶叶也成为清朝进出口贸易的主力军。1657年，中国茶叶出现于法国市场；康熙八年（1669），印属东印度公司通过万丹向英国运送中国茶叶；康熙二十八年（1689），福建厦门出口茶叶多达150担，并直接销往英国，开创中国内地茶叶直销英国市场的先河；1690年，中国茶叶获得美国波士顿销售执照；光绪三十一年（1905），中国第一次组织茶叶考察团赴印度、锡兰（今斯里兰卡）学习茶叶产制技术，并购得部分制茶机械，归国后广泛宣传与推行茶叶机械制作技术与方法。由此可以看出，我国茶业一直都随着时代的发展而不断地前进着。

现代茶文化的发展

新中国成立以后，我国茶叶产量呈现突飞猛进的增长趋势，从1949年的年产75 00吨增长到1998年的60余万吨，为我国带来了巨大的财富。因为茶文化建立在雄厚的经济基础之上，所以其发展前景更为广阔。

1982年，杭州成立了"茶人之家"，这是我国第一个以弘扬茶文化为宗旨的社会团体；1983年湖北成立"陆羽茶文化研究会"；1990年北京成立"中国茶人联谊会"；1991年中国茶叶博物馆在杭州西湖乡正式开馆；1993年湖州成立"中国国际茶文化研究会"；1998年中国国际和平茶文化交流馆顺利竣工。

如今，茶文化风靡全国乃至全世界。大街小巷上茶艺馆与日俱增，国际茶文化研讨会已成功举办至第十届，日、韩、美等国家与港台地区踊跃参加，并积极进行交流和讨论。"茶叶节"亦在各省市及各个产茶区举行，如福建武夷市的岩茶节，云南的普洱茶节，湖北英山、浙江新昌、河南信阳等地的"茶叶节"。这些"茶叶节"内容新颖，形式多样，深受民众喜爱。茶已成为我国经济贸易的重要组成部分。

三 茶的传播

中国人对茶业发展的贡献，不仅在于最早发现并利用茶这种植物，更在于将其不断地向外传播，并由此形成了影响整个世界的茶文化。

国内路线

千百年来，茶在神州大地的各个角落生根发芽，香飘万里。茶业的重要中心也随着茶在国内的不断传播几经迁移，大致经历了一条自西向东和向南的路线。

始于巴蜀

现在，绝大多数学者都认同中国的饮茶是秦统一巴蜀之后才慢慢传播开来的，也就是说，中国和世界的茶文化，最初是在巴蜀发展为业的。

巴蜀的茶叶，据文字记载和考证，至少可追溯到战国时期，那时巴蜀已形成一定规模的茶区，并将茶作为贡品之一。巴蜀茶

业在我国早期茶业史上具有突出的地位，在西汉宣帝时王褒所著的《僮约》中可以看出，成都一带在西汉时不仅饮茶成风，而且还出现了专门用具。

其实在西汉时，成都不仅已经成为我国茶叶的一个消费中心，由后来的文献记载来看，成都很可能也形成了最早的茶叶集散中心。所以说不仅是在先秦，在秦汉乃至西晋，巴蜀都称得上是我国茶叶生产的重要中心。

顺江而下

秦汉时期，随着巴蜀与各地区交流的日益密切，茶亦被广泛的传播。茶最先传播至东部与南部，湖南茶陵的命名便极好地证明了这一点。西汉时期，茶陵以产茶闻名，茶陵地处江西与广东交界，由此可见，西汉时期，茶的生产已传播至与湘、粤、赣毗邻的地区。

三国两晋时期，由于荆楚得天独厚的地理环境和坚实的经济文化水平，该地区逐渐取代巴蜀，成为中国茶文化发展的主要地域。三国时期，孙吴占据东南半壁江山，这一区域茶树种植的规模与范围较大，是我国茶文化传播与发展的主要阵地。此时茶的饮用亦传播至北方的名门望族。西晋时期，《荆州土记》记载了此时长江中游茶业的发展情况，其曰"武陵七县通出茶，最好"，说明巴蜀茶业艳压群

芳的优势已被荆汉地区所取代。

继续东移

五胡乱华，西晋南渡，北方豪门进驻中原，建康成为当时南方的政治文化中心，崇茶之风盛行于贵族富豪之间，致使江东饮茶与茶文化得到进一步的发展，加快了我国茶叶向东南推移的脚步。这一阶段，使我国东南地区的茶叶种植由浙西扩展至今温州、宁波沿海一带。此外，《桐君录》记载有"西阳、武昌、晋陵皆出好茗"，晋陵即指常州，而茶产自宜兴，这表明东晋和南朝时，长江下游宜兴一带的茶业也十分有名。

三国两晋后，茶业重心东移的趋势越发显著。

行至江南

唐代中期以后，长江中下游茶区产量大幅提高，制茶技艺亦达到当时的顶峰。高水准生产出的湖州紫笋和常州阳羡茶被列为贡茶。此时，长江中下游的江南地区正式成为我国茶叶产制中心。

在当时，江南茶叶的生产极其繁盛，据史料记载，安徽祁门周围，千里之内，各地种茶，山无遗土，业于茶者七八。在唐代，现赣东北、浙西和皖南一带茶业的发展尤为突出。由于贡茶产于江南，极大地促进了江南地区制茶技术的提高，同时带动了全国各产区的生产与发展。

《茶经》与唐代其他文献均记载了当时茶叶产区的遍布范围，在今之四川、陕西、湖南、湖北、云南、广西、广东、贵

州、福建、浙江、江西、江苏、安徽、河南等多个省区都有茶叶产区，其范围已可与我国近代茶区相媲美。

由东转南

由五代及宋朝初年开始，全国气温骤降，使得我国南部茶业较之北部发展更为迅速，并取代长江中下游茶区成为宋朝制茶中心，具体表现为福建建安茶取代顾渚紫笋成为贡茶。闽南和岭南一带的茶业发展较唐朝时更加活跃和蓬勃。

宋朝时期茶业重心地南移，主要与气候有关。低温致使江南早春茶树发芽迟缓，不能保证于清明前运至京都。而福建地区气候温暖，茶树发芽较早。欧阳修曾说："建安三千里，京师三月尝新茶。"由于建安茶被列为贡茶，所以对其采制的要求精益求精，其在全国的名气也越来越大。福建茶区也成为茶饼、茶团的制作研究中心，从而带动了闽南和岭南茶区茶业的迅速崛起与发展。

综上所述，在宋代，茶已遍布全国各地，宋朝茶区的范围已基本确定，与现代茶区范围非常相近。明清以后，茶业的发展主要侧重于制法与其种类变化上。

国外路线

我国的茶叶生产和茶叶文化对外国也产生了巨大的影响，中外茶业贸易往来不断，促进了世界各国人民对茶的消费，增强了茶的持久影响力。

茶在亚洲的传播

中国的茶与茶文化，对日本的影响最为深刻。它对日本茶道的产生与发展起了非常重要的作用。

中国的茶及茶文化传入日本，主要是以浙江为通道，并以佛教为传播途径。浙江地处东南沿海，是唐、宋、元各代重要的进出口岸，境内的名刹大寺有天台山国清寺、天目山径山寺、宁波阿育王寺、天童寺等。其中天台山国清寺是天台宗的发源地，径山寺是临济宗的发源地。自唐代至元代，日本使节和学问僧纷纷来到浙江各佛教圣地修行求学。他们在回国时，不仅带去了茶的种植知识、煮泡技艺，还带去了中国传统的茶道精神，使茶道在日本发扬光大，并形成了具有日本民族特色的艺术形式和精神内涵。

在这些使节和学问僧中，与茶文化的传播有着直接关系的是最澄。在最澄之前，天台山与天台宗僧人也多有赴日传教者，如天宝十三年（754）的鉴真等，他们带去的不仅是天台派的教义，也有科学技术和生活习俗，其中就包括饮茶之道。贞元二十一年（804），最澄奉诏随遣唐使入唐求法。来到浙江后，他便到天台山国清寺学习天台宗，后又到越州龙兴寺学习密宗，次年八月从明州起程归国。归国时，最澄将浙江天台山的茶种带回了日本，同时也将茶饮引入宫廷。后来，茶叶逐渐成为日本宫廷之物，深受皇室喜爱，并逐步向民间普及。

进入中国茶道外传的重要时期——南宋，日本学问僧荣西曾两次来华。荣西回国时除带了天台新章疏30余部60卷外，还带回了茶种，回国后在寺院中种植，并大力宣传禅宗和茶饮。此

外，荣西还研究了唐代陆羽所著的《茶经》，并写出日本第一部饮茶专著——《吃茶养生记》。他认为"饮茶可以清心，脱俗，明目，长寿，使人高尚"。他将此书呈献给镰仓幕府，自此上层阶级开始爱好饮茶，饮茶之风迅速盛行开来，荣西因此也被尊为日本的"茶祖"。

中国的茶文化在日本广泛传播的同时，中国的精品茶具——青瓷茶碗、天目茶碗也于此时由浙江传入了日本。天目茶碗对日本茶道影响甚远，日本自饮茶之初至开创礼茶的东山时代，所用茶具均为天目茶碗。随后，由于茶道的发展，普通茶碗均为日本与朝鲜的仿制品，致使天目茶碗越发珍贵，只有在"台天目点茶法"、贵客临门、向神佛献茶等重要场合才会使用。15世纪时，日本著名禅师一休宗规大师的弟子、被后世尊为日本茶道始祖的村田珠光首创了"四铺半草庵茶"，他倡导顺应天然，真实质朴的"草庵茶风"。村田珠光认为茶道的本源应在于清心寡欲，将茶道之"享受"转化为"节欲"，体现了陶冶身心、涵养德性的禅道核心。

作为日本茶道创始人之一的武野绍鸥对日本茶道的发展起着承上启下的作用。他传承村田珠光的理论，并结合自己的认识将其拓展，开创了"武野风格"。他将日本和歌"冷峻枯高"的美

▶青瓷茶碗

学风格应用于茶礼、茶具和茶室之中,继承并发扬了珠光清心寡欲的"草庵茶"风格,创造了更为简约枯淡、切实可行的"侘茶"(又名"和美茶")。"侘"本意为"寂寞"、"寒碜"和"苦闷",经由绍鸥的改造,"侘"又被赋予了新的理念:"正直"、"谨慎"、"自律"、"勿骄",绍鸥将这一理念用于茶道。这一理念具体指:邀三五知己,坐于简捷明亮的茶室之中,以至诚之心对待彼此,共同在茶的醇香缭绕之中忘却世间俗事,以达到物我两忘的超脱境界。

16世纪时,绍鸥的弟子,被人们称为"茶道天才"的千利休,将以禅道为中心的侘茶发展为以"平等互惠"理念为核心的利休茶道,成为大众化的新茶道。他将日本茶道的宗旨总结为"和、敬、清、寂"。"和"以行之;"敬"以为质;"清"以居之;"寂"以养志。至此,日本茶道初具规模。与此同时,日本茶道还深化、发展了唐宋"茶宴"与"斗茶"的文化内涵,形成了具有日本本土特色的大和民族茶文化。

日本茶道的精神本质为倡导人与人的平等互爱、人与自然的和谐统一,要求人们恪守静寂、安雅的生活,崇尚礼节。日本人民将其视为修身养性、完善自我的卓有成效的方法。

公元5世纪南北朝时期,我国茶文化在日本发扬光大的同时也开始被陆续传播至东南亚邻国。

越南与我国接壤。东汉末年,佛教传入越南,并于10世纪被尊为国教。我国茶叶传入越南的时间最迟不晚于这一时期。越南种植茶叶的历史悠久,于19世纪开始大规模地种植经营茶叶。随后,越南引进南亚的茶种与制茶的技术设备,使得茶叶的生产与贸易发展迅速。1684年,东南亚的印度尼西亚从我国取茶籽

试种，随后，又分别引入日本、阿萨姆（印度）试种。南亚的印度通过英属东印度公司于1780年试种我国茶籽，随后大规模的引种、扩种，创办茶场，派遣制茶人员到我国学习种茶、制茶技艺，并招聘中国技术人员去印度亲自授教。通过各方努力，印度茶文化的发展至19世纪后叶已达"印度茶之名，充噪于世"的程度。斯里兰卡于17世纪引入我国茶籽，并于1780年试种，1824年后，又大量引入我国茶籽及印度茶籽进行扩种，并聘请专业技术人员予以指导。

唐代，我国茶叶传播至西亚阿拉伯地区，从此正式进入阿拉伯国家。据《新唐书·陆羽传》记载："羽嗜茶，著经三篇，言茶之源、之法、之具尤备，天下益知饮茶矣……其后尚茶成风，时回纥入朝，始驱马市茶。"回纥人用马来交换茶叶，在饮用的同时，将部分茶叶贩卖至土耳其等阿拉伯国家，从中获取暴利。西亚的土耳其于1888年开始进行茶叶种植，先从日本引入茶籽试种，1937年又从格鲁吉亚引入茶籽种植。经过分批开发、种植后，其茶业规模逐渐成形并稳步向前发展。

茶在欧洲的传播

西方最早有关茶叶记载的文献是公元851年一位阿拉伯商人撰写的《中国与印度的关系》。随后，一些西方旅行家也对茶叶进行了描述，这使得西方人对茶叶产生了浓厚的兴趣。但直至17世纪，茶叶才被传教士带回欧洲。

1606年，荷兰东印度公司将第一批从中国购得的茶叶运至阿姆斯特丹,此后该公司便一直垄断着中欧间的茶叶贸易,直至17世纪中期。此外,东印度公司还把茶叶输出到意大利、法国、德国和葡萄牙。尽管茶叶初次进入欧洲时,法国人和德国人就对其表现出了浓厚的兴趣,但除德国北部地区东弗里斯兰和法国部分上流人士外,茶并未真正被列入到日常饮品中。在近两百年的时间里,茶叶一直作为一种奢侈饮品流行于贵族之中。

茶叶首次到达俄罗斯的时间是1618年,它是被作为礼物从中国运到萨·亚力克西斯的。1689年签订的贸易协定标志着中俄长期贸易的开始。由于路途遥远,行程缓慢,茶叶从中国运到俄罗斯需要16至18个月,因而价格十分昂贵,只有贵族才能饮用。

17世纪中期,英国开始流行饮茶。茶叶最先是在咖啡屋与世人见面的。1652年,这些咖啡屋向人们提供茶饮料,并配有点心和甜品,但这些仅供男士享用。第一个宣传茶饮料的人是托马斯·加拉威。他在1658年9月23日至30日的伦敦周报《信使政报》上称:"这种美味的中国饮料在中国被称为'Tcha',而在其他国家被称做'Tay',又名'Tee',这种饮料在伦敦皇家交易所附近的桑特尼斯·海德咖啡屋有售。"1706年,提供茶饮料的休闲场所出现在伦敦的大街小巷:托马斯·特文宁在伦敦开设了第一家茶馆,专门提供茶饮料,尤其面向受排斥的女性顾客。至此,饮茶之风盛行于整个英国。18世纪,茶成为英国社会上最流行的饮料,在早晚餐时间代替了啤酒,在其余时间代替了杜松子酒。茶的消费量由1701年的30.3吨增加到1781年的2229.6吨,1784年茶税的锐减(从119%下降到12.5%)更是导致了消费量的激增,在1791年达到了6847.8吨。

品
读
经
典

茶在美洲、大洋洲、非洲的传播

16世纪，茶叶在传遍欧洲各国后，进入了北美大陆，当时的美洲大陆是被欧洲列强瓜分的殖民地。1626年，荷兰人最先将中国茶运销至其管辖地，随后英国人也将从中国进口的茶叶销往其管辖地。后来，美国独立，并将目光投放至亚洲大陆。1783年圣诞节前夕，据称排水量达55吨的单桅帆船"哈里特"号满载花旗参，由波士顿港起航，驶向中国。由于旅途艰险，"哈里特"号只与英国商人在好望角交换了一船茶叶后便返航了。1784年2月22日，华盛顿总统生日的这一天，准备充分的费城商人罗伯特·莫里斯、丹尼尔·派克与纽约公司在格林船长的率领下，乘360吨级远洋帆船"中国皇后"号由纽约港出发，装载了40多吨花旗参经由好望角驶向中国。8月23日，"中国皇后"号经过半年多的航行，抵达了被葡萄牙人所占领的澳门。一周后，"中国皇后"号终于抵达了他们的目的地——广州港。自此美国与中国开始了正式的茶叶贸易。为维护对华贸易，美国国会于1789年通过了航海法，规定美国商人从亚洲进口的货物除茶叶外均给予12.5%的关税保护，并且免除美国商人向欧洲销售中国茶叶的税收。

此后，茶叶在美洲国家开始广泛流行起来。1812年，巴西引入中国茶叶。1824年，阿根廷购置中国茶籽于国内种植。

19世纪初，随着各国经济贸易和文化交流程度的日益加强，茶经由传教士、商船带至新西兰等地，随后，逐渐在大洋洲兴旺起来。在澳大利亚、斐济等国还进行了茶树的栽种，其中在斐济的种植获得了成功。

明代，茶叶传入非洲。郑和七次下西洋，历经了越南、爪哇、印度、斯里兰卡、阿拉伯半岛，最终到达非洲东岸，其每次航行均带有茶叶。显然，茶叶很早便已传入非洲，据记载，摩洛哥人已有300多年的饮茶历史。

1903年，东非的肯尼亚首次从印度引入茶种，1920年进行商业性的开发种植，1963年独立后，进行规模经营。肯尼亚人依靠科技管理，另寻捷径，驱动茶叶生产的发展，一跃成为世界茶坛的新秀。肯尼亚茶业以发展速度快、质量上乘、出口比例高而备受世人瞩目。

千年的茶马古道

在横断山脉的高山峡谷，在滇、川、藏"大三角"地带的丛林草莽之中，绵延盘旋着一条神秘的古道，这就是世界上地势最高的文明传播古道之———茶马古道。

茶马古道的起源

茶马古道源自唐宋时期汉藏民族间的"茶马互市"。青藏属高寒地区，海拔在三四千米以上，人们主要以糌粑、奶类、酥油、牛羊肉为主食。由于该地区不产蔬菜和水果，囤积在人体内的脂肪又不易分解，对人体健康造成了很大伤害，且燥热的糌粑亦对人体有伤害。茶叶不但能够分解脂肪，而且还能防止燥热，所以喝酥油茶成为藏民高原生活的习惯。藏区不产茶，需从内地引进。藏区和川、滇边地产好马。在内地，民间役使和军队征战往往需要大量的骡马，于是，茶马交易，即"茶马互市"，便应运而生了。随着藏区和川、滇边地的骡马、毛皮、药材与内地的茶叶、布匹、盐和日用器皿等交换贸易日益繁盛以及社会经济发展日趋繁荣，在横断山区的高山深谷间便形成了一条联系南北、延续至今的"茶马古道"。

茶马政策的发展及废止

"茶马互市"从诞生的那天起就受到历代统治者的盘剥。北宋时期，朝廷在成都、秦州（今甘肃天水）设置榷茶和买马司来监控茶马贸易。到了元代，官府废止了宋代实行的茶马治边政策。进入明代，茶马治边政策变得更加严厉，甚至成为统治者统治西北地区各族人民的重要手段。明太祖洪武年间，一匹上等马最多可换120斤茶叶，而到了明万历年间，一匹上等马只能换三十篦茶叶，中等换二十篦，下等换十五篦。清代时的茶马治边政策虽然有所松弛，但私茶商人开始增多，在茶马交易中往往茶多马少。清朝雍正十三年（1735），官营茶马交易制度终被废止，茶马古道也随之废止了。可以说崎岖绵延的茶马古道是中国商人在沧桑岁月中用自己的双脚艰难踏出的。

变迁的茶马古道，不变的民族精神

茶马古道是一条地道的马帮之路，它的线路分为两条。一条线路从云南普洱茶原产地（今天的西双版纳、思茅等地）出发，经大理、丽江、中甸、德钦，到西藏邦达、察隅或昌都、洛隆、工布江达、拉萨，然后再经江孜、亚东，分别到达印度、缅甸、尼泊尔，国内路程长达3800多公里。另一条从四川雅安出发，经泸定、康定、巴塘、昌都到西藏拉萨，再至尼泊尔、印

度，其国内路程超过3100公里。在这两条主线路上，又分布着大量的支线，这些支线将滇、藏、川地区紧密地联结在一起。茶马古道上，驼铃声悠扬，马蹄声激荡，马帮们夜以继日地奔波于旅程之中，不畏严寒酷暑，不畏路途艰辛，用他们坚毅的信念与勤劳的汗水，开拓出一条直抵域外的经贸之路。他们不单是商人，更是开路人、探索者，维系着不同地域、民族间文化与经济交流的纽带。

茶马古道还是一条通往精神殿堂的云梯。马帮的每一次旅程，都是徘徊于天堂与地狱之间的冒险。茶马古道沿途绮丽的自然风光使人感受到生之美好，但旅途中的艰难险阻却是常人所无法想象的，有的人甚至将生命都断送在了茶马古道上。所以，每一次的征程都是一场灵与肉的考验，体现了生命的顽强与伟大。此外，藏传佛教在茶马古道上的传播与发扬，进一步拉近了滇西北地区纳西族、白族、藏族等各兄弟民族之间的情感，促进了各民族之间的经济往来与文化交流。沿途经常可见虔诚的艺术家在路边的岩石和玛尼堆上绘制、雕刻的大量佛陀、菩萨与高僧，还有富于灵性的动物、海螺、日月星辰等各种形象。不论艺术造型精美还是粗糙，都为茶马古道这条漫漫长路增添了一种神圣、庄严之感，也为那天边的地平线蒙上了一层神秘的面纱。

如今，茶马古道度过了千年的历史，成群结队的马帮身影不复存在，清脆悠扬的驼铃声只能在历史的记忆中回响，远古飘来的茶草清香也已消散于风中。但是，留在茶马古道上的先人的足迹和马蹄深深的烙印，都化做流淌于华夏子孙血液里的民族创业精神。这种矢志不渝的奋斗精神在中华民族的发展史上树起了一座永恒之塔，凝聚着中华民族的荣耀与光辉，傲然立于世界的东方。

第
二
章

赏其艺

茶艺指的是泡茶的技艺和品茶的艺术。想泡一壶好茶，就要选择好茶叶、茶具，要注入好水冲泡。不同的泡茶方法能让人品出不同的茶香，不同的品茶艺术能让人体会不同的茶韵。以欣赏的心境来对待茶，会获得无限美好的艺术享受。

一 茶叶艺术

茶叶种类繁多，从自然形态的鲜叶到遍布于世界各大产区的各类名茶，每一片茶叶都会给人们带来无尽的享受。享受茶香茶韵，就从选好每一片茶叶开始。

茶叶的演变

从发现野生茶树到现在，茶叶的形态和加工方法经历了巨大的变革，从这种巨变中我们也可窥见中国制茶历史的悠久性。在形态上，茶叶经历了直接取自茶树的鲜叶，压制、晾晒后制成的饼茶以及变革加工后的各类散茶三种迥然相异的形态；在加工方法上，茶叶则经历了晾晒制干，压制成饼，蒸青、炒青以及现今门类众多的茶叶加工工艺四个阶段。

形态各异的茶叶都有着独特的制作工艺。茶树品种、鲜叶原料质量、加工条件、加工技艺及饮茶风潮都会影响制茶工艺的发展和演变，但起决定性作用的是后三者。

自然形态的鲜叶

神农氏"尝百草,日遇七十二毒,得荼而解之"、晏子"以茶代菜",这里的"荼(茶)"都是指从野生茶树上采摘下来的青叶。可见人们在最初发现和利用茶的时候,都只是循其自然形态,并未进行加工,更谈不上讲究品种和加工技巧了。

东晋时期,由于茶从最初的药用、食用发展到作为日常饮料饮用,以及当时人工种植茶树的兴起,人们开始把越来越多的注意力放在原料的选择与加工上。

早在东晋时期,已有地方开始运用制茶工艺了。《华阳国志》中提到:巴国把茶作为贡品进贡给周武王。巴国距周足有千里,显然,在当时落后的交通条件下,进贡给周武王的茶绝不可能是鲜茶,很有可能是晾晒或烘干后的散茶。但史料没有对其中的制茶工艺进行具体描述,所以后人也无从考证。

从散茶到饼茶

两晋南北朝时期,由于散茶的储藏和运输极为不便,人们便将散装茶叶跟米膏和在一起制成茶饼,即晒青饼茶。这种处理方法既能减小散茶的体积,又能延长其保质期,因此一直沿用至初唐时期。

在唐代及以后相当长的一段时间里,蒸青茶饼取代晒青饼茶成为了当时茶的主要形式。因为晒青饼茶经过初步加工后仍有浓浓的青草味,而蒸青茶饼克服了这个缺点。陆羽在《茶经·三之造》中详细介绍了蒸青茶饼的制作过程:"晴,采之。

蒸之，捣之，拍之，焙之，穿之，封之，茶之干矣。"简单地说，就是将新鲜茶叶蒸后捣碎，制饼穿孔，贯串烘干。这种制茶工艺在中唐已经完善。

▲陆羽《茶经》书影

自唐至宋，贡茶兴起，朝廷设立了贡茶院，即制茶厂，专门组织官员研究制茶技术，从而促使茶叶生产技术不断革新，新品不断涌现。宋朝历代君王多嗜茶，且注重奢华，对贡茶的质量要求越来越严格，于是，龙凤团茶便诞生了。宋代《宣和北苑贡茶录》记述："太平兴国初，特制龙凤模，遣使即北苑造团茶，以别庶饮，龙凤茶盖始于此。"据宋代赵汝砺《北苑别录》记载，龙凤团茶的制作工艺有六道工序：蒸茶、榨茶、研茶、造茶、过黄、烘茶。茶芽采回后，先浸泡于水中，挑选匀整芽叶进行蒸青，蒸后以冷水清洗，然后小榨去水，大榨去茶汁，去汁后置瓦盆内兑水研细，再入龙凤模压饼、烘干。后来，专为皇帝监制贡茶的福建转运使蔡襄发明了更为精致的小龙凤团茶。该茶用料考究、做工细巧，实属当时茶叶中的极品。

从饼茶到蒸青散茶

据《宋史·食货志》载："茶有两类，曰片茶，曰散茶。"片茶即龙凤团茶，散茶即蒸青散茶。蒸青的龙凤团茶压榨去汁时会损失部分茶香，且制茶过程费时费工，于是，蒸青散茶便应运而生。

　　蒸青散茶出现在宋代，制作方法是将茶蒸后直接烘干，这样可以较好地保持茶的香味。元代王祯的《农书》对当时制蒸青散茶的工序有详细记载："采讫，一甑微蒸，生熟得所。蒸已，用筐箔薄摊，乘湿揉之，入焙，匀布火，烘令干，勿使焦。"饼茶和散茶并存的局面直至明代初期才被打破。1391年，明太祖下诏废除贡茶中费时费工的龙凤团茶，改用散茶，以减轻茶农的负担。据《明太祖实录》记载："罢造龙团，惟采茶芽以进。"由此，独存下来的蒸青散茶在明朝前期大为盛行。

从蒸青散茶到炒青绿茶

　　与饼茶相比，蒸青散茶确实可以较好地保留茶香，但是这种香味仍然不够浓郁，因此利用干热发挥茶叶芳香的炒青技术便应运而生了。

　　炒青是唐代以前就存在的古老制茶技艺，但是在我国古代文献中，关于其具体工艺，直至元朝王祯的《农书》中才简单有提及。明代，炒青制茶法日趋完善，在张源《茶录》、许次纾《茶疏》、罗廪《茶解》中均有详细记载。《茶解》所载的炒青要点是：采茶"须晴昼采，当时焙"，否则就会"色味香俱减"。采后萎凋，要放在筜中，不能置于漆器及瓷器内，也"不宜见风日"。"炒茶，铛

要热；焙，铛宜温"。具体操作时，"凡炒只可一握，候铛微炙手，置茶铛中，札札有声，急手炒匀，出之箕上薄摊，用扇扇冷，略加揉按，再略炒，入文火铛烘干"。这段记载系统地介绍了炒青绿茶加工过程中有关杀青、摊晾、揉捻和焙干等全套工序及技术要点。在这之后，罗廪强调指出，杀青后要薄摊用扇，原料要新鲜，因为只有叶鲜，膏液才能充足。杀青，要用"武火急炒，以发其香；然火亦不宜太烈"。炒后，"必须揉担"。此种工艺已经非常接近现代的炒青绿茶制法了。

基本茶类

红茶、黄茶、白茶、乌龙茶、黑茶、绿茶是六大基本茶类。前五类茶都是在绿茶的基础上制成的，但是它们选用的鲜叶原料和采用的制造工艺各不相同，所以六大茶类的色、香、味、形等品质特征各不相同。此外还有包括花茶在内的各种再加工茶。

碧绿青翠的绿茶

绿茶属不发酵茶类，因其干茶与冲泡后的茶汤、叶底的色泽都以绿色为主，故而得名。

将茶树新梢采摘下来，然后进行杀青、揉捻、干燥，这样就制成了绿茶。杀青工序是绿茶类制法的主要特点。高温杀青过程，可以迅速钝化酶的活性，制止多酚类物质的酶性氧化，保持绿茶"绿叶"、"绿汤"的特色。按照初制过程的杀青和干燥方

法的不同，绿茶可以分为蒸青绿茶、烘青绿茶、炒青绿茶和晒青绿茶四种。

蒸青是指利用蒸汽来破坏鲜叶中酶的活性，用这种方法制成的绿茶色泽深绿，茶汤浅绿，茶底青绿，香气较闷并带有青气，涩味也较重。

烘青绿茶是用烘笼烘干的，可作熏制花茶的茶坯，香气较淡。按其外形又分为条形茶、尖形茶、片形茶、针形茶等。

炒青绿茶因干燥方式采用炒干而得名。按其外形可分为长炒青、圆炒青和扁炒青三类。长炒青形似眉毛，所以又称为眉茶；圆炒青是颗粒状，所以又称为珠茶；扁炒青又名扁形茶。长炒青的色泽绿润，香高持久，滋味浓郁，汤色、叶底黄亮；圆炒青具有香高味浓、耐泡等品质特点；扁炒青则香鲜味醇。

晒青绿茶，是指经过锅炒杀青、揉捻以后，利用日光晒干的绿茶。由于太阳晒的温度较低，时间较长，较多地保留了鲜叶的天然物质，制出的茶叶滋味浓重，且带有一股日晒后特有的味道，所以人们常说此茶带有"浓浓的太阳味"。

在六大基本茶类中，绿茶出现最早。三千多年前，古人开始采集野生茶树上的芽叶，并晒干收藏，这可以看作是绿茶加工的起源。真正意义上的绿茶加工始于8世纪，成熟于12世纪，并逐渐完善、沿用至今。

目前，我国产量最高的茶类是绿茶。我国绿茶在国际市场上的总销量占茶叶销售总量的30%以上，占国际绿茶贸易量的70%以上。北非、西非各国及法、美、阿富汗等50多个国家和地区都有我国的销售网点。绿茶中的眉茶和珠茶，更是以香高、味醇、形美、耐冲泡等特质受到国内外消费者的追捧。

艳如琥珀的红茶

红茶的发酵度要达到80%至90%，属全发酵茶类，因其干茶和冲泡后茶汤的色泽以红色为主，故而得名。

红茶以茶树的"一芽二三叶"为原料，制作时，要先将新鲜的叶片放到空气中萎凋，然后按照以下两种方法之一进行加工：CTC方法［即碾碎（Crush）、撕裂（Tear）、卷起（Curl）］或者传统方法。CTC方法一般使用机器加工，将低质茶加工成更为优良的成品。传统方法会根据不同的茶叶采用不同的手法，通过机器或手工完成，采用这种风格的加工方法最终会生产出许多鉴赏家所追求的高质量散茶。传统方法要求在制作红茶时，叶片须在一定的温度和湿度下进行氧化。氧化的程度决定着茶叶的质量。由于氧化在揉捻阶段就已经开始，所以时间的控制对于茶叶的质量来说至关重要。接下来干燥叶片，终止氧化过程。最后将叶片按照大小（整叶、碎叶、茶末、茶粉）用筛子分成不同的等级。红茶的制作没有杀青一步，只是使所含的茶多酚氧化，变成红色的化合物。这种化合物一部分溶于水，一部分积累在叶片中，从而形成红汤、红叶。

红茶具体起源于何时，已无从考证。在所有史料记载中，最早提及"红茶"这一名称的是在明中期（约14世纪）刘基所撰的《多能鄙事》一书中。据推测，早在17世纪我国就已经开始制作红茶，出现最早的是福建小种红茶。18世纪中

▲红茶

期，福建地区生产出以小种红茶为基础，制作加工更为精细的工夫红茶。

红茶是我国第二大茶类，主要包括小种红茶、工夫红茶和红碎茶。红茶的出口量占我国茶叶总产量的一半左右。有60多个国家和地区与我国建立了商贸关系，埃及、苏丹、黎巴嫩、叙利亚、伊拉克、巴基斯坦、英国、爱尔兰、加拿大、智利、德国、荷兰及东欧各国是进口量较大的国家。

色橙味浓的黄茶

黄茶的发酵度为10%至20%，属微发酵茶类。明朝许次纾所撰的《茶疏》（1597）中记载了炒青绿茶演变成黄茶的历史：黄茶和绿茶的基本制作工艺相似，只是在制茶过程中加入了闷黄，因此就变成了黄汤黄叶。黄茶的制作

▲ 黄茶

工序有多个称谓，如"闷黄"、"闷堆"，或是"初包"、"复包"、"渥堆"。有的揉前堆积闷黄，有的揉后堆积或久摊闷黄，有的初烘后堆积闷黄，有的再烘时闷黄。

黄茶按原料芽叶的嫩度和大小可分为黄芽茶、黄小茶和黄大茶三类。黄芽茶主要有君山银针、蒙顶黄芽和霍山黄芽；黄小茶主要有北港毛尖、沩山毛尖、远安鹿苑茶、浙江平阳黄汤等；黄大茶有安徽霍山黄大茶等。黄茶的芽叶多细嫩、显毫、香醇。不同品种的黄茶选择的茶片不一样，加工工艺也各不相同。如湖南的君山银针，是将肥壮的芽头加工，制成后的茶叶外表披

毛、色泽金黄光亮；浙江的平阳黄汤却是以细嫩茶叶为原料，加工后叶黄心白。

毫色如雪的白茶

白茶的发酵度为20%至30%，属轻度发酵茶类，因其成品茶满披白毫、如银似雪，故而得名。白茶产量不高，是我国茶类中的珍品。

制作白茶的基本工艺是萎凋、烘焙（或阴干）、拣剔、复火等，其中萎凋是形成白茶品质的关键工序。白茶具有外形芽毫完整，满身披毫，毫香清鲜，汤色黄绿清澈，滋味清淡回甘的特点。白茶的主要品种有银针、白牡丹、贡眉、寿眉等。

唐宋时期，人们偶然发现一种白叶茶树，遂用此品种制成白茶。这种白茶和后来发展起来的不炒不揉、用特殊工艺制成的白茶几乎没有任何共通之处。宋代绿茶的三色细芽、银丝水芽经过不断演变，直到明代才与现在的白茶类似。明代文学家田艺蘅在其《煮泉小品》中记载："茶者以火作者为次，生晒者为上，亦近自然……清翠鲜明，尤为可爱。"

现代白茶最初仅指表面密布白色茸毫且色泽银白的"白毫银针"，经过一段时间的发展后才逐渐出现了白牡丹、贡眉、寿眉等其他品种。

浓清相宜的乌龙茶

乌龙茶也名青茶，发酵度为30%至60%，属半发酵茶类。相传清朝的苏乌龙是乌龙茶制法的创始人，故而得名。其制作的基本工艺包括晒青、晾青、摇青、杀青、揉捻、干燥。

乌龙茶到底是源于北宋，还是清咸丰年间，目前学术界仍有争议。但关于其发源地，大家都认为是在福建。相传在福建省安溪县

乌龙茶

西坪乡南岩村里有一个茶农，名叫苏龙，因他长得黝黑健壮，乡亲们都叫他"乌龙"。一年春天，乌龙腰挂茶篓，身背猎枪上山采茶。采到中午，一头山獐突然从他身边溜过，乌龙连忙举枪射击，负伤的山獐向山林深处逃窜，乌龙紧追不舍，终于将猎物捕获。乌龙把山獐背到家的时候已是掌灯时分，由于大家都忙于品尝这难得的野味，竟然将要制茶的事全然忘记了。第二天清晨，家人才开始准备炒制乌龙采回的"茶青"，惊异地发现放置了一夜的鲜叶已镶上了红边，并且散发出阵阵清香。这种茶叶制好后，格外地清香浓郁，一扫往日的苦涩之味。乌龙和家人得到了启发，精心琢磨、反复试验，终于制出了品质优异的茶类新品——乌龙茶，其故乡安溪也随之声名鹊起。后来清初的《王草堂茶说》中总结了乌龙茶制作工序："武夷茶（乌龙茶）……茶采后，以竹筐匀铺，架于风日中，名曰晒青，俟其青色渐收，然后再加炒焙……烹出之时，半青半红，青者乃炒色，红者乃焙色也。"现福建武夷的岩茶仍在使用这种传统工艺。

乌龙茶综合了绿茶和红茶的制法，有"绿叶红镶边"的特点，其品质介于绿茶和红茶之间，既有红茶的浓鲜滋味，又有绿茶的清芬香气，可谓浓清总相宜。因其药理作用突出表现在分解脂肪、减肥健美等方面，所以在日本被称为"健美茶"。

愈久愈醇的黑茶

黑茶的发酵度达到了100%，属后发酵茶。黑茶是中国特有的茶叶种类，边疆的少数民族早已将其当做日常生活必备的饮品。

由于黑茶的原料较粗老，加上制造过程中堆积发酵时间较长，所以叶色油黑或黑褐，故名。制作黑茶的基本工序分为杀青、揉捻、渥堆、干燥四道，其中，渥堆最为关键。渥堆的时间长短和程度轻重直接决定了黑茶的品质。

黑茶诞生于明代，当时"商茶低伪，悉征黑茶，产地有限"。如按产区和工艺来划分，黑茶分为湖南黑茶、湖北老青茶、四川边茶和滇桂黑茶四种。黑茶中久负盛名的普洱茶也称做普洱散茶，用优良的云南大叶种鲜叶制成。其外形条索粗壮肥硕，色泽乌润或褐红，味道醇厚回甘，具有独特的陈香味儿。因其具有滋补养颜的功效，所以又有着"美容茶"的声誉。

黑茶既可直接冲泡饮用，也可压制为紧压茶（如各种砖茶），留待以后饮用。黑茶如酒，在自然气候下存放的时间愈长，口感愈佳，身价愈高。

种类繁多的再加工茶

再加工茶，是指以六大基本茶类为原料，采用一定手段进行再次加工而成的茶叶。主要包括花茶、紧压茶、萃取茶、果味茶、药用保健茶和含茶饮料等。

花茶又称熏花茶、香花茶、香片。它以绿茶、红茶、乌龙

茶茶坯和可食用、气芳香的鲜花为原料，用窖制工艺制成。其实在茶中加香料或香花的做法古已有之，并且是我国的独创。北宋蔡襄在《茶录》中提到过加香料茶："茶有真香，而入贡者微以龙脑和膏，欲助其香。"南宋施岳的《步月·茉莉》词注中记载了当时用茉莉花焙茶的历史："茉莉岭表所产……古人用此花焙茶。"根据明代顾元庆所著《茶谱》中的记载可知，当时可用于制茶的花有桂花、茉莉、玫瑰、蔷薇、兰蕙、栀子、木香、梅花等十余种，且花茶的制作技术已基本成熟。清咸丰年间（1851—1861），人们开始大规模地窖制花茶。到19世纪90年代时，花茶的生产已经非常普遍了。现在，花茶的种类较以往更为丰富，出现了菊花茶、金莲花茶、百合花茶、千日红茶、灯笼花茶、玫瑰茄茶、白兰花茶、珠兰花茶等新品种。根据所用花之品种的不同，花茶一般可分为茉莉花茶、玉兰花茶、珠兰花茶等亚类，每种亚类又根据其原料产地、质量及制作工艺的精细程度划分为特级、一级、二级、三级、四级、五级、六级（有的没有六级）。花茶的基本工艺为：茶坯复火、鲜花打底、熏制拼合、通花散热、起花、复火、提花、匀堆装箱等。花茶以其香气芬芳、保健养生、持久耐贮而备受人们喜爱。

紧压茶的原料和加工工艺随着时间的推移，与以往相比有着很大的不同。古代的紧压茶都是将茶树鲜叶蒸青、磨碎、压模成型后烘干制成的，如唐代的蒸青茶饼、宋代的龙凤团茶。而现代的紧压茶却是将红茶、绿茶、黑茶粗加工的毛茶进行再加工、蒸压成型后制成的，如云南沱茶、湖南砖茶。

萃取茶的制作方法是用热水萃取成品茶中的水溶物，滤掉茶渣。若直接将剩下的茶汤装入瓶、罐就可制成液态的"罐装

▶ 香蕉茶

饮料茶"；若只将剩下的茶汤浓缩，可制成"浓缩茶"；若将剩下的茶汤浓缩、干燥，就可制成固态"速溶茶"。我国的速溶茶主要有速溶红茶、速溶绿茶、速溶乌龙茶、速溶保健茶等。

果味茶以红茶、绿茶的提取液和果汁为主要原料，加入糖和天然香料，经科学方法调制而成。如柠檬茶、鲜橘汁茶、香蕉茶、草莓茶、苹果茶等。这种新型口味的饮料性甘凉、酸甜可口，有提神解渴的功效，是一种老少皆宜的饮料。

药用保健茶侧重保健养生，是在茶叶中加入某些中草药或食品制成的。如红茶加生姜、甘草和蜂蜜制成的暖茶，乌龙茶加金银花制成的凉茶，除口臭的藿香茶汁，降血脂的苦丁茶，减肥的麦茶，清凉的薄荷茶，进补的冬虫夏草茶。如今，保健茶也同果味茶一样，受到越来越多人的喜爱。

在饮料中添加茶汁就可制成含茶饮料。常见的有将菊花、桂花、茉莉花与茶混合，在红茶中加入牛奶、花生、核桃，在茶叶中加糖等。

茶叶产区

我国大部分地区都出产茶叶。因受土质、气候以及人为因素的影响，各个地区生产的茶叶之间有着细微差别。无论是外观、香气还是口感，各地茶叶都有着一方水土养育出的特色，因

而造就了茶叶的多种风貌和五花八门的名称。

　　能否找到优良的好茶，关键就在于先要了解各个茶叶产区所产茶叶的特点。东经94至122度、北纬18至37度是我国茶区的主要分布地。这个范围内有浙、苏、闽、湘、鄂、皖、川、渝、贵、滇、藏、粤、桂、赣、琼、台、陕、豫、鲁、甘等省区的上千个县市。不同的县市，种植茶树的类型和品种当然也各不相同。有的地方，茶树种植在海拔2600米的高地上，而有些地方的茶树种植在仅高于海平面几十米的低地上。这种地理环境的差异决定了茶叶的质量和适制性各不相同，形成了我国颇为丰富的茶类结构。我国茶区被划分为3个级别，即：一级茶区，系全国性划分，用以宏观指导；二级茶区，系由各产茶省（市、自治区）划分，进行省市区内生产指导；三级茶区，系由各地县划分，具体指挥茶叶生产。国家一级茶区分为4个：江北茶区、江南茶区、西南茶区、华南茶区。我国台湾省也是盛产茶叶的主要区域。

江北茶区

　　江北茶区是我国最靠北的茶叶产区。它南起长江，北到秦岭和淮河，西自大巴山，东至山东半岛，涵盖甘肃南部、陕西西部、湖北北部、河南南部、安徽北部、江苏北部及山东东南部等地区。江北茶区的地形比较复杂，大多数茶区的土壤是黄棕土，此类土壤经常出现黏盘层；部分茶区的土壤是棕壤；还有不少茶区的土壤碱性偏高。江北茶区栽植的大都是灌木型中叶种与小叶种茶树。这一茶区主要生产绿茶，少数山区有良好的微域气候，其产品六安瓜片、信阳毛尖等质量不亚于其他茶区。

江南茶区

江南茶区位于长江南部，大樟溪、雁石溪、梅江和连江北部，涵盖广东北部、广西北部、福建中部及北部、湖南、浙江、江西、湖北南部、安徽南部、江苏南部等地区。大部分江

▲江北茶区

南茶区是低丘低山地区，但亦有海拔1000米的高山，比如安徽黄山、浙江天目山、江西庐山和福建武夷山等。江南茶区的土壤基本上是红壤，部分是黄壤。这一茶区栽植的大都是灌木型中叶种与小叶种茶树，还有一小部分小乔木型中叶种与大叶种茶树。江南茶区适合发展绿茶、乌龙茶、花茶及名特茶。

西南茶区

西南茶区位于米仓山和大巴山南部，红水河、南盘江和盈江北部，神农架、巫山、方斗山和武陵山西部，大渡河东部的区域，涵盖贵州、重庆、四川、云南中部及北部、西藏东南部等地区。西南茶区大多是盆地和高原，地形较为复杂，土壤类型非常多。在云南中部及北部地区大多是赤红壤、山地红壤及棕壤；在四川、贵州和西藏东南部则主要是黄壤。西南茶区栽植的茶树种类也较多，有灌木型、小乔木型和乔木型。这一茶区适合制作红翠茶、绿茶、沱茶、普洱茶、花茶及边销茶等。

华南茶区

华南茶区在大樟溪、雁石溪、梅江、连江、浔江、红水河、南盘江、无量山、保山和盈江的南部，涵盖福建中部及南部、广东中部及南部、海南南部、广西南部、云南南部等地区。华南茶区具有丰富的水热资源，有的茶园位于茂密的森林中，土壤很肥沃，且含有大量的有机物质。整个茶区的土壤大部分是赤红壤，一部分是黄壤。华南茶区内栽有中国很多大叶种（包括小乔木型及乔木型）茶树，适合制作红茶、乌龙茶、普洱茶、大叶青及六堡茶等。

台湾省茶区

台湾省内最早栽植的茶树，是从福建省引入的乌龙茶种，所以全省处处皆可以看到用"乌龙"来命名的茶。在台湾，茶树的栽植遍布整个省内，就连干旱炎热的高屏地区也出产独具特色的地方茶叶。如果进一步深入各个县市，各种各样的茶叶名称更是令人难以理出头绪。

台北市、新北市

台北市的茶叶产区分布在南港和木栅两个地区，新北市的茶

▲台湾省茶区

叶产区则主要分布在石碇、坪林、三峡、新店、林口、淡水、石门和三芝等乡镇。

桃园县

桃园县一带亦是茶叶生产的重要地区，其所生产的茶叶大多销往外地。

桃园县的茶叶产区主要分布于龙潭乡、龟山、芦竹、复兴乡、大溪镇、杨梅和平镇市等诸多地区。其中，龙潭乡的茶叶产量大约占桃园县茶叶产区总产量的三分之二。

新竹县

新竹县山多平原少，而且雨量充沛，是台湾省十分重要的茶叶产区。在茶树栽植的鼎盛期，新竹县出产的茶叶量占台湾省茶叶总产量的四分之一。该县早期生产和制作的茶叶主要是销往外地的红茶和绿茶，近些年则改为很受人们喜爱的半球形包种茶及闻名遐迩的白毫乌龙茶。白毫乌龙茶和"贡丸"、"竹凤"合称为新竹三大著名产品。

苗栗县

苗栗县的丘陵地区已有约200年的种茶历史。此地土质呈酸性，带黏土性并混杂大量沙砾，色泽呈黄褐、红、灰色，正适合茶树生长。铜锣、头屋、三义、头份、狮潭、三湾、造桥、公馆和大湖等乡镇的丘陵山坡地都分布着苗栗的茶园，各乡镇所产的茶叶多达五种：明德茶、福寿茶、仙山茶、龙凤茶及岩茶，其中明德茶和福寿茶的知名度较高。为便于推广促销，1996年苗栗县县长何智辉将相同类型的明德茶、仙山茶、龙凤茶和岩茶统称为"苗栗乌龙茶"，而福寿茶等白毫乌龙茶统称为"苗栗凤茶"。

南投县

南投县多丘陵、盆地和山地，是全台湾省唯一不临海的县。此地的气候随海拔高度变化而变换，制茶业相当发达。全县几乎每个乡镇都生产茶叶；茶园面积约占全省的40%，再加上闻名遐迩的冻顶茶，使南投县毫无疑问地成为全省最具经济价值的茶叶产区之一。

嘉义县

20多年前，嘉义县开始种植茶树。虽然种茶历史并不悠久，但当地人充分利用县境内丰富的资源，政府和民间相互配合，在高海拔地区栽种优良茶树品种，最终取得了不俗的成绩。该县是台湾重要的半球形包种茶高山茶区，其茶园目前主要分布在梅山、竹崎、番路和阿里山等乡镇。

高雄县

高雄县的茶园分布在六龟与甲仙乡，其中六龟乡的种植规模较大，该县最具代表性的就是六龟茶。六龟为丘陵地形，不似南台湾那般酷热，所以此地形成了一个新兴茶区，主要栽植金萱品种的茶树。

屏东县

全省最特别、最靠南的茶叶产区在屏东县的港口茶区。港口茶区地处满洲乡港口村，目前栽植金萱品种。当地制作的茶叶入口时略带苦味，入喉后则甘甜释出。这是因为当地气候炎热，日照时间长，还有强劲的落山风吹拂。这种深受当地人喜爱的茶叶以其独特的口感而声名远播。

宜兰县

宜兰县的主要茶区位于大同、冬山、三星、礁溪等乡镇。各茶区因地理位置不同，生产和制作出来的茶叶也有着不一样的口感。在该茶区所生产的茶叶中，玉兰茶、上将茶、素馨茶及五峰茗茶等较为人所熟知。

花莲县

花莲县自产的茶叶有鹤冈红茶、天鹤茶两种。茶区主要分布在瑞穗乡秀姑峦溪两岸的丘陵地区。那里风景秀丽、环境优美，已经被规划成可供休闲和游览的观光茶园。

台东县

早年，台东县大力推广栽种大叶种阿萨姆红茶，用于销往外地。随着红茶价格的一路走低，当地农民改种新品种茶树，制作发酵半球形包种茶。这种半球形包种茶比红茶更受欢迎。

世界其他茶区

除中国这一茶叶主产区外，目前世界上还有五十多个国家生产茶叶，最北可达北纬49度，位于前苏联，最南可达南纬33度，位于南非。世界茶区在地理上的分布，多集中在亚热带和热带地区，可分为东亚、南亚、东南亚、西亚和欧洲、东非、南美6区。

东亚茶区主产国有中国、日本，两国产量约占世界总产量的23%，其中中国居世界第二位，日本居第四位。日本茶区主要分布在九州、四国和本州东南部，包括静冈、崎玉、宫崎、鹿儿岛、京都、三重、茨城、奈良、九州、高知等县（府），静冈县产量最多，占全国总产量的45%。

南亚茶区主产国有印度、斯里兰卡和孟加拉国，所产茶叶约占世界总产量的44%、总出口量的50%。印度产量占世界首位，

斯里兰卡居世界第三位。印度的茶区分布在北部（包括东北部）和南部，北部又分为阿萨姆茶区和西孟加拉茶区：阿萨姆茶区是印度的主要茶区，茶叶产量占全国茶叶总产量的50%以上；西孟加拉茶区主要分布在杜尔斯附近，茶叶产量占全国总产量的20%左右。南部茶区主要分布在马德拉斯和喀拉拉（爪盘谷、交趾），气候与北部相比，较为暖和，全年无霜，茶叶可终年采摘。斯里兰卡地处印度半岛东南，是一个热带岛国。全岛地势以中部偏南为最高，茶园多集中在中部山区。主产区为康提、纳佛拉、爱里、巴杜拉和拉脱那浦拉，其茶园面积占全国茶园总面积的77%，茶叶产量占全国的75%。孟加拉国位于恒河下游，印度阿萨姆邦和孟加拉邦之间，茶区主要分布在东北部的锡尔赫特和东南角的吉大港以及位于上述两区间的帖比拉，其中锡尔赫特茶叶产量占全国总产量的90%。

东南亚茶区位于中国以南，印度以东。产茶国家有印度尼西亚、越南、缅甸、马来西亚、泰国、老挝、柬埔寨、菲律宾等，茶叶产量约占全世界总产量的8%，其中印度尼西亚产量最高，越南、缅甸次之，马来西亚较少，其他几个国家产量则很少。大部分印度尼西亚属热带雨林气候，具有温度高、降雨多、湿度大的特点，全年几乎无寒暑之分，终年可采收茶叶；茶区主要分布在爪哇和苏门答腊两大岛上，其中海拔2000米左右的爪哇岛产茶最多，约占全国总产量的80%。越南属热带季风气候，全年气温高、湿度大，旱雨季明显；茶区主要在越南北部，中部、南部也有少量分布。马来西亚因靠近赤道，终年炎热多雨，属热带雨林气候；茶区主要分布在海拔1220米的加米隆高地。

西亚和欧洲茶区主要产茶国有欧洲的前苏联和亚洲的土耳其、伊朗等，所产茶叶约占世界茶叶总产量的14%。前苏联茶园

主要分布在亚洲的格鲁吉亚和阿塞拜疆，在黑海沿岸的克拉斯诺达尔等地也有少量茶园分布。土耳其茶区主要分布在北部属亚热带地中海式气候的里泽地区。伊朗大部分地区属大陆性亚热带草原和沙漠式气候，雨量较少，寒暑变化剧烈，不适宜种茶，仅西部山地和黑海沿岸地区属亚热带地中海气候，故茶区主要分布在黑海沿岸的吉兰省和马赞撼兰省，巴列维和戈尔甘为主要产地。

东非茶区主要产茶国有肯尼亚、马拉维、乌干达、坦桑尼亚、莫桑比克，肯尼亚产量最高。肯尼亚有5省12县产茶，主要茶区分布在肯尼亚山的南坡，内罗毕地区西部和尼安萨区，如克里乔、索提克、南迪、基锡、尼耶尼、墨仓加、开里亚加等地。马拉维是东非第二大产茶国，茶区主要集中分布于尼亚萨湖东南部和山坡地带，如米兰热、松巴、高罗、布兰太尔等地。乌干达是新兴的产茶国之一，茶区主要分布在西部和西南部的托罗、安科利、布里奥罗、基盖齐、穆本迪、乌萨卡和东西受戈等地区。坦桑尼亚和莫桑比克也都是东非主要的产茶国，坦桑尼亚茶区主要分布在西北部的维多利亚湖沿岸，布科巴等地产茶较多；莫桑比克茶区主要集中在南谋里和姆兰杰山区。

南美茶区产茶国家有阿根廷、巴西、秘鲁、厄瓜多尔、里西哥、哥伦比亚等国。其中阿根廷产茶最多，占南美茶叶总产量的70%，茶区主要分布在东北部密西奥尼斯山区，在科连特斯等省较为集中。

茶叶的选购

要想品味茶香、茶韵，首先要学会如何挑选、购买好的茶叶，不然茶艺便只是空谈了。所以，"精茶"便成为茶艺中一个关键性的环节。

古人饮用的茶大多为纯茶，所以鉴别的方法较为简便，例如陆羽在《茶经》中说道："野者上，园者次；阳崖阴林，紫者上，绿者次……"如今，由于培育、采摘及制作技术的发展，茶的种类繁多，所以鉴别起来也比较困难。大体上讲，品质最优良的是新茶。

一般情况下，新茶指的是以当年春天从茶树上采下来的前几批新鲜茶叶为原料，经过加工制作成的茶叶。收购茶叶的机构或部门所说的"抢新"，经销茶叶的机构或部门所说的"新茶上市"，以及茶叶消费者所说的"尝新"，通常皆是指每年最早采摘下来并经过加工制作成的头几批茶叶。另外，新茶也可以指当年从茶树上采摘下来并经过加工制作成的茶叶；陈茶指的则是上一年或更长时间以前采摘下来，经过加工制作成的茶叶，是相对新茶而言的。

俗语说"饮茶要新，喝酒要陈"，这是人们经过长期实践所归结出来的经验。对于大部分茶叶品种来讲，新茶确实要比陈茶好。宋代的唐庚在《斗茶记》中曾经写道："吾闻茶

▶ 嫩叶和新茶

不问团侉，要之贵新，水不问江井，要之贵活。"新茶无论从色泽、香气上来看，还是从味道、形状上来看，皆给人以清新之感，被称为"崭鲜喷香"。而隔年的陈茶，无论是茶的色泽，还是茶的味道，总是给人一种"香沉味晦"的感觉。

并非所有的茶叶都是新茶比陈茶好。西湖龙井、旗枪、洞庭碧螺春、莫干黄芽、顾渚紫笋等茶，若能在生石灰缸中贮放1至2个月，反而能除去青草气味；盛产于福建的武夷岩茶、湖南的黑茶、湖北的汉砖茶、广西的六堡茶、云南的普洱茶等，隔年陈茶反而香气馥郁、滋味醇厚，因此选购茶叶也不可拘泥行事。

通常来说，选购茶叶时可参照以下几种方法对茶叶的优劣进行鉴别。

观察色泽

茶叶原料的嫩度、制作工艺与茶叶的色泽密切相关。不同种类的茶对色泽有不同的要求，比如绿茶要求碧绿透亮、红茶要求乌黑润泽、乌龙茶要求呈青褐色、黑茶要求呈黑油色等。然而不管是哪类茶，色泽统一、润泽光亮、油润新鲜的才是好茶；若茶的色泽深浅不一、晦暗无光，则表明原料有老有嫩，工艺较差，品质低劣。此外，茶叶的色泽也与茶树的产地和季节有非常重要的关系。例如，高山出产的绿茶，色泽翠绿且稍微带有黄色，新鲜透亮；低山或平地出产的茶叶，色泽浓绿而有油光。在制作茶叶的过程中，如果加工技术不适当，也常常会令茶叶的色泽变差。购买茶叶的时候，需根据所要购买茶叶的种类判断。例如，品质最优良的狮峰龙井，其"明前茶"（清明节之前采摘下来制作成的茶叶）呈嫩黄色，且有天然的糙米色，并不是碧绿色的。这也是狮峰龙井在色泽上的一个重要特色。由于狮峰龙井的销售价格极高，有些茶农会在炒制其他茶叶的过程中略微炒过头，令叶色变为黄色，以制造出类似于狮峰龙井的色泽来以假充真。真假之间的区别是，真狮峰匀称光洁、淡黄嫩绿；假狮峰则角松而空，毛糙，偏黄色。不经多次比较，确实不太容易判断出来，需要人们特别注意观察。

▲ 不同色泽的成茶

观察外形

只要是著名的茶叶，皆注重茶叶之形。这里所说的"形"，指的是茶叶外表的形状，大致有长圆条形、卷曲圆条形、扁条形、针形、花叶形、圆珠形、颗粒形、片形、砖形、饼形及粉末形等。比如著名的龙井"雨前茶"（清明之后谷雨之前采摘下来制作成的茶叶），芽柄上生有长小叶，形状像彩旗；茶芽略长，好似一杆枪，因此叫做"旗枪"。一斤干茶大约有三四万颗嫩芽，采摘起来很不容易，焙制起来更加困难，制作工艺非常考究，每一锅每次仅可炒2两，茶形要求达到"直、平、扁、光"的标准。由此可以看出，对形状要求尽善尽美的名茶完全可以作为艺术品，供人们赏鉴、玩味。在挑选、购买茶叶的时候应注意，每种茶叶的外表形状皆有其一定的特征，或似银针，或似圆珠，或似雀舌，或似瓜子片，有的叶片松散，有的叶片紧紧联结。一般来讲，大小、粗细、长短匀称的新茶品质为上等；外表形状不齐整，甚至杂有茶梗、茶籽的茶品质为下等。

辨别香气

此处所说的香气不仅指茶叶经过开水冲泡后所散发出的芳香，还包括干茶的芳香。茶叶的香气与鲜叶所含有的芳香物质及茶叶制作方法密切相关。普通的鲜叶里大约含有50种芳香物质，绿茶里含有100余种，红茶里含有300余种。按照香气的类型，可以将茶叶分成嫩香型、毫香型、花香型、清香型、果香型及甜香型等。例如古代与西湖龙井齐名的武夷岩茶，茶树生长在云雾较多的峰岩之间，受到的日照不强烈，而且福建气候温和、雨量较多，生成大量的茶香物质。难怪古人要用"臻山川精英秀气所钟，品具岩骨花香之胜"来评定武夷岩茶。在挑选、购买新茶的时候，辨别茶的香气特别重要，新茶的品质越优良，其香气就越浓厚。再如，新绿茶闻起来有新鲜清爽的香气，咀嚼或用开水冲泡时，生发出甜香之味的为上品；如果闻不到茶的清香或闻到一种粗老味、青涩味、焦糊味，则说明不是优质的新茶；如果香气较淡，或有一种陈气味，则说明是陈茶。

辨别茶味

唐人齐己所著的《尝茶》中提到"味击诗魔乱，香搜睡思轻"，可见"味"与"香"于茶品同等重要。所谓茶味，实际上是指茶叶经过冲泡后所得茶汤的味道。茶味和茶叶中所含的有味物质有关系：多酚类化合物具苦涩味，咖啡碱具苦味，氨基酸具鲜味，糖类具甘甜味，果胶具浓厚味。按照茶味类型可以将茶叶分成浓厚型、浓鲜型、醇厚型、醇和型、平和型、鲜甜型、涩型、苦型及粗老味型等。茶叶的茶味类型非常接近，令人难以区分，要凭借舌头的精微感觉进行鉴别。茶汤进入口中后甘醇新鲜，浓郁清爽，在口中会留下甘甜味的茶叶品质最为优良。例如，在挑选、购买绿茶的时候，一般取少许样品用开水冲泡并进行品尝，品质优良的绿茶，前味苦涩，后味甘醇浓郁，且带有类似板栗的芳香。

辨别干湿

选购茶叶除了辨别香气、味道，还应注意茶叶的干湿度。通常用手指捏一捏茶叶，就可以判断出新茶的干湿程度。只有干透的新茶，才能贮藏得更久。受潮的茶叶因含有一定水分，不但色泽、香气、味道、形状会受到极大影响，而且很容易发霉变质，因此不适宜购买。选购时，取一两片茶叶置于拇指和食指之间，略微用力捻一捻，如果能捻成粉末状，则说明是干透的茶叶，反之则说明茶叶已经受潮。另外，选购时还要特别留心那些以次充好的劣质茶。为此，我们在这里介绍两种名优茶的主要特征，以供辨别时参考。午子仙毫的外形略扁，条形直，好似一片兰花的花瓣，色泽碧绿，香气鲜嫩长久，泡入水中，嫩芽便成丛直立在杯中，茶汤碧绿清澈，清香四溢，回味悠长。午子绿茶的外形匀称整齐，紧、细、重、实，具锋苗，色泽翠绿，香气清爽持久，有类似板栗的芳香，茶汤嫩绿明澈，叶底呈浅绿色且有光亮，茶味醇美，使人回味无穷。

其他注意事项

选购茶叶绝非易事，要想得到好茶叶，就需要掌握大量的知识，如各类茶叶的等级标准、价格行情，以及茶叶的审评、检验方法。除了一看色泽、二观外形、三闻香气、四品茶味、五捏干湿之外，还应该注意以下几点：

嫩度

在鉴定茶叶品质优劣时，人们常说"干看外形，湿看叶底"，这指的就是茶叶的嫩度。嫩度是决定茶叶品质优劣的一个基本因素。通常嫩度较好的茶叶，与该茶类对外表形状的要求容易相符。另外，我们也能通过看茶

▶ 检验茶叶的嫩度

叶有没有锋苗来鉴定其嫩度。若锋苗较好，白毫突显，就表明茶叶的嫩度好，制作工艺精良；若原料的嫩度较差，就算制作工艺再精良，茶叶也不会有锋苗及白毫。然而也不可只通过看茸毛的多少来判断茶叶的嫩度，因为每种茶叶的具体要求不尽相同，比如最好的狮峰龙井体表就没有茸毛。而且，茸毛易于伪造，通过人工制作上去的非常多。将茸毛多少作为判别芽叶嫩度的依据，仅适用于毛尖、毛峰、银针等"茸毛类"茶叶。

在此值得一提的是，最鲜嫩的茶树叶片，也是一芽一叶展开的，只摘取芽心的做法不妥当。这是因为芽心是尚未生长完善

的部位，其中所含的成分不全，尤其是叶绿素的含量非常低。因此，不应该纯粹为了追求茶叶的嫩度而购买仅用芽心来制作的茶叶。

条索

条索指的是各种茶所具有的特定的外表形状规格，比如炒青茶为条形、龙井茶为扁形、珠茶为圆形、红碎茶为颗粒形等。通常情况下，在鉴别茶叶的品质时，长条形茶要看其是松是紧、是圆是扁、是弯是直、是壮是瘦、是轻是重；扁形茶要看其平整光滑的程度；圆形茶要看其颗粒是松是紧、是空是实、是轻是重，以及是否匀正。一般来讲，若条索紧实、身骨重、浑圆（扁形茶除外）挺直，表明原料鲜嫩，制作工艺精良，茶叶品质优良；若外形松散、瘪扁（扁形茶除外）、断碎，且有烟味或焦味，则表明原料老，制作工艺差，茶叶品质低劣。

需注意的是，茶叶的条索以紧、实、重为优。

整碎

整碎指的是茶叶外表形状的残缺破碎程度，整齐匀称的茶叶品质好，残缺破碎的品质差。

茶叶整碎较为标准的评定方法是：把茶叶置于盘内（通常为木质盘），令茶叶在旋转力的作用之下，按照形状的大小、质量的轻重、茶叶的粗细及整碎程度形成一定的层次；其中，粗壮的茶叶位于最上面一层，紧、细、重、实的茶叶集中在中间一层，残缺、破碎、细小的茶叶则积聚在最下面一层。各种茶类，皆以位于中间层为上等；位于最上面一层的通常多是粗老的茶叶，味道比较淡，茶汤色泽比较浅；最下面一层有许多断碎的茶叶，冲泡之后味道常常过于浓厚，茶汤色泽也比较深重。

净度

净度主要是指茶叶间夹杂着的茶片、茶梗、茶籽、茶末，以及加工过程中混进的木片、竹屑、泥沙、石灰等杂质含量的多少。净度高的茶叶，就不会含有任何杂质。

茶叶的辨别、挑选和购买并非一项简单易学的技艺，初学的人经常会出现失误，只有通过长期反复的观察及实践，方可达到熟练甚至精通的程度。

茶叶的贮存

茶叶的贮存是一个非常重要的问题。因为茶叶里含有一些不稳定的成分，假如不能妥善贮存，这些不稳定成分在一定的物理因素和化学因素的作用下，就容易出现氧化和霉变，即平常所讲的"茶变"。

通常情况下，如果茶叶比较少，可以在短期内饮用完，那么放在清洁干燥的茶罐里贮存即可。不过也要特别留意茶罐的质地，最好使用锡罐，其次为双层盖的不锈钢、瓷罐等，铁罐、纸罐再次之，绝对不可以使用塑料的或者由其他化学合成材料制成的罐子。透明的玻璃器皿就算有很好的密封性，也不可以用来长时间贮存茶叶，不然茶叶容易因受光照而加快茶变速度；陶质罐由于具有比较强的透气性，容

易令茶叶失去原有的味道，也不适宜使用。另外，茶罐大小要合适，以茶叶几乎可以装满茶罐为好，罐内的空气要尽可能地少。同时，还要确保茶罐清洁、干燥，没有异味、杂味。假如茶叶比较多，而且需要贮存一段时间，则更要认真对待了。一般需注意以下几点：

▶ 茶叶的贮存

第一，检测一下茶叶的干湿度。通常情况下，茶叶的含水量应该为5%至7%，若含水量过高，贮存时非常容易发生霉变。因此，当茶叶的含水量比较高的时候，应该先将其烘干。烘干的时候需注意，用来进行烘干的容器必须洁净，绝不可以带有油污，以免对茶叶造成污染，影响茶叶品质。

第二，把茶叶（烘干后要晾凉）装进锡质或马口铁的罐子里，将盖子盖严，并用胶带封好口，若能在罐子里放一小袋食品干燥剂则最好；也可以将茶叶放进干燥的保温瓶里，盖严瓶盖，然后用熔化后的白蜡把瓶口密封好；如果有条件的话，还可以将茶叶装进清洁的食品真空袋里，再使用家用抽气机将其抽为真空。

第三，装茶叶的容器要置于通风、干燥、避光的地方，不可置于温度较高、潮湿、污秽及光照强烈处，而且周围不可放置强烈气味的物品，如药品、樟脑、香烟、洗涤用品及化妆品。此外还需注意，不同种类、不同级别的茶叶不可混合在一起贮存；在贮存红茶和花茶的时候，不可以用生石灰作为吸湿剂。

上述贮存法仅能将茶叶的保鲜期适当延长，并不意味着可以长时间保鲜。不同种类的茶叶，因加工技术的不同，其保鲜期也不尽相同。绿茶、黄茶和白茶属于不发酵或轻度发酵茶类，最不容易贮存，通常新茶在上市三个月后，味道便开始改变；乌龙茶属于半发酵茶类，其新鲜味大约可以保持半年；红茶属于全发酵茶类，贮存的时间会更长一些；黑茶属于后发酵茶类，因其制作工艺独特，贮存的时间越长，其品质反倒越优良，因此向来具"黑色黄金"、"茶叶古董"之美誉。

贮存茶叶最关键的几点归纳起来就是：防止受潮、防止受压、防止异味、密封性好、避免光照。此外，如果想饮用到品质好的茶叶，必须在其保鲜期之内享用。

二 茶具艺术

在茶艺形成初期，茶具指制茶和饮茶时所用的器具。但一般饮茶人则称饮茶时所使用的器具为茶具，这一节便介绍茶具的发展演变过程及其主要种类。

茶具的演变

在茶具演变的过程中，我们不但可以了解到茶具本身独到

的发展历程，还可以看出其制作工艺的艺术化演进，从中更渗透出了茶道作为一种博大精深的文化所富含的深厚意蕴。

简单朴素的唐前茶具

茶具是从奴隶社会开始产生的，当时的茶具主要有煮茶时所用的锅、饮茶时所用的碗及贮存茶叶时所用的罐子等。不过当时尚未用"茶具"一词来称呼这些器具。

西汉辞赋家王褒在《僮约》里最先提及"茶具"一词，因此"茶具"这个词最早在汉代时出现。文中的意思大体是说饮茶后将茶具洗净，这表明至少在西汉时，人们日常生活中已经有了茶具。从马王堆汉墓里挖掘出来的茶箱，进一步证实了这一点。但当时茶具的种类还较为简单，除了用于贮存少量茶叶的盒、奁等器皿和贮存大量茶叶的箱子、罐子，就是用于烹煮茶叶的鼎、釜、瓶、壶，用于盛茶的勺子，以及用于饮茶的盂、碗、杯等器具。

汉代人饮茶与现代人不一样，他们经常把姜、葱和别的食物与茶叶混合起来煮成汤或用做药物，所以使用的茶具并没有与别的饮食器具清晰地区分开来。例如，碗主要用于吃饭，也能用于饮酒和饮茶；罐子、壶之类的器皿能用于储存水，也能用于盛酒盛茶。实际上我国最早的茶具叫做"缶"，是一种用陶土制作而成的小口儿大肚子的容器。从浙江余姚河姆渡挖掘出来的黑陶器，就是当时用做餐具兼做饮具的代表器具。

到了晋、南北朝时，专门用于茶事的器具渐渐从食器中分化出来，带有托盘的青釉茶盏开始出现。盏托，也叫做"茶拓子"、"茶船"，是放置茶盏、防止烫手的托盘。除了茶盏和盏托之外，还出现了我们平常所说的"茶壶"，不过当时叫做"汤瓶"，是一种注水用的器皿。鸡首汤瓶比较常见，是三国末年到两晋时期才出现的，以越窑烧制的较为常见，德清窑等瓷窑也都有烧制。虽然这个阶段茶具的种类还不太多，但却为后来唐宋茶具的发展奠定了基础。

完备配套的唐代茶具

唐代是我国封建社会经济文化兴旺发达、蓬勃发展的时期。在这一时期，茶具也取得了很大的发展，唐代茶具在中国茶具的发展史上占据着重要位置。

饮茶之风在唐代极为盛行，文人士大夫们更将饮茶视为风雅之事。人们不但重视茶叶的色泽、香气、味道及烹煮方法，而且非常重视茶具，特别是陆羽在《茶经·四之器》中规范了茶具的种类和规格后，茶具更是取得了前所未有的发展。《茶经》里所列出的一套茶具共有二十四种（总共有二十九件），由此可以看出，唐代人对茶具有着十分严格的要求。

在唐代的茶具中，茶壶非常有特色。茶壶，也叫"茶注"，壶嘴叫做"流子"，器型矮小，取代了晋代的鸡首汤瓶。这一时期，还出现了碗托。据说，碗托是由唐代西川节度使崔宁之女发明的。她用蜡做成圈，以固定茶碗在盘子里的位置。后来，蜡质碗托发展成瓷质碗托。实际上，早在周朝时就已经出现了与碗托相似的茶具，《周礼》中将这种放置杯樽一类器具的碟子称为"舟"。唐代时，直接用来饮茶的器皿是盏（陆羽在《茶经》里称做碗），其器型比碗小，腹浅口敞，壁斜直，玉璧形底，外表大多呈荷叶形、花瓣形、葵瓣形及海棠形等。此外，唐代还出现了用来随身携带少量零碎茶叶的小盖罐，以及专门用做贮存茶

叶的器具——茶笼。

唐代时，玻璃茶具已经出现，但人们主要还是使用陶瓷质、金质及银质的茶具。陶瓷盏因制作精良，釉色晶莹润泽，深受人们的喜爱。其中，越窑盏与邢窑盏名望最高，分别代表了当时南青北白两大著名瓷系，都是当时进贡给皇帝的物品。在造型风格上，越窑盏与邢窑盏有显著的不同。越窑盏的特点是口唇不卷，底卷且浅；邢窑盏则较为厚重，外口无凸起的卷唇。在唐代，越窑青釉盏为最盛行的茶盏样式，而邢窑盏亦有"天下通用之"的情况。在《茶经》里，陆羽认为越窑盏的胎釉有"类冰"、"类玉"之美，而邢窑盏则有"类雪"、"类银"之美。至于以金、银制作而成的茶具则更是光芒四射，且非常昂贵，只有宫廷和豪门贵族才能使用，平民百姓根本就使用不起。

富丽典雅的宋代茶具

从总体风格上说，唐代的茶具古朴雅致，宋代的茶具则富丽典雅，且具有丰富的文化内涵。宋代茶具大致因袭唐代，不同点主要是将煎水时使用的器具变成注水的汤瓶，推崇黑色的茶盏等，而这些变化皆是为了和当时盛行的"点茶法"相搭配。

宋代的汤瓶代替了唐代煎茶时使用的"鼎镬"及倒茶时使用的茶壶，成为宋代饮茶前使用的重要器具。宋代罗大经所著的《鹤林玉露》中记载，"近世瀹茶，鲜以鼎镬，用瓶煮水"，表明当时的煮茶器具

▲宋代瓜棱形汤瓶

已经由锅改成汤瓶了。为了适应"点茶法",人们还将汤瓶口变为喇叭形,以便于注进液体;壶嘴修长,呈管状弯曲,其长度是唐代时的三四倍;壶嘴、壶口和壶把儿大多保持齐平,因此液体可以注满;壶腹为长腹,或为瓜棱形圆腹,使汤瓶的容量变大了。汤瓶的样式与前代相比也有所增加,主要有瓜棱形汤瓶、葫芦式汤瓶、提梁汤瓶及兽流汤瓶等。宋代的茶盏非常考究,盏托的使用也更加广泛。茶盏也叫"茶盅",事实上是一种广口圈底的小型茶碗,这种设计利于发挥及保留茶叶的芳香。宋代瓷窑间存在十分激烈的竞争,使得烧制技术的不断进步,令茶具的种类大为增加,其间所生产出来的茶盏、茶杯等样式各不相同,风格多变,色彩艳丽。

宋代的茶具主要是瓷质的,黑釉盏在当时最受人们的推崇和喜爱。这主要有两方面的原因:一方面,宋代时人们已经开始饮用饼茶,就是将发酵的膏饼茶碾为细末状,置于茶盏中,再使用汤瓶注进刚刚煮沸的水,茶汤表面就会浮现一层白色的茶沫,恰好与黑色的茶盏相互映衬,形成鲜明的对比,所以黑釉盏最适合用于当时盛行的"斗茶"中;另一方面,"斗茶"时要求茶盏在特定的时间内维持比较高的温度,而黑釉盏由于胎体比较厚,可以长时间地保持茶汤的温度,因而深受斗茶者的推重。因黑釉盏是"斗茶"时最适宜使用的茶具,所以黑釉盏的烧制在一段时间内极为兴盛。当时全国各个地区出现了很多专门烧制黑釉盏的瓷窑,其中,江西吉州窑与福建建阳窑所出产的黑釉盏最为出名。因受理学的影响很深,宋代的茶具在整体上具有更讲求法度、形制更精致、器具名称更雅致的特点。例如,用于烘茶的焙笼叫做"韦鸿胪",自汉代以来,鸿胪司就掌管朝廷的礼仪,以鸿胪作为茶具的名称,自然地蕴含了礼仪之义;用于碎茶的

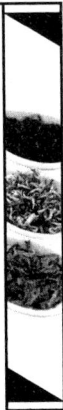

木槌叫做"木侍制"，罗合（又称"茶罗"，俗称"筛子"、"罗子"）叫做"罗枢密"，茶磨叫做"石转运"，茶碾则叫做"金法曹"，就连擦器具用的手巾都以"司职方"这一文雅的官衔来命名；宋代整套茶具称为"大玉川先生"，则是用"茶亚圣"卢仝之名来命名的。暂且不管这些名称所体现的礼仪、制度、规范是守旧的还是进步的，其中所蕴含的文化内涵却可见一斑。由此可以看出，中国古代的茶具并非为了复杂而复杂，主要是为了体现某些思想观念。

承上启下的元代茶具

不管是从茶叶的加工制作、饮用方法来讲，还是从所使用的茶具来讲，元代都是承接唐宋之风、开启明清之势的一个过渡阶段。元朝统治中国的时间不到一百年，在茶文化的发展历史上，没有一本专门的茶事著作，然而我们仍然能透过诗词、书画寻找到一些有关茶具的踪迹。

在元代，汤瓶仍然是主要的茶具，不过外形有了一些变化，瓶的腹部依然是修长的，然而重心开始向下移动。"流子"在设计上有了比较大的变化，已经由前代的与壶口齐平，改置于腹部，修长且弯曲，这与腹部的承重点正好成正比，形制秀丽而典雅、端重。为了方便注水，壶嘴朝外倾斜，因其太长而容易损坏，所以用"S"形的装饰物将壶嘴和颈连接了起来。茶盏的釉色这时也开始从黑色向白色过渡。

元代饮茶有使用"点茶法"的，不过更多的还是直接用煮沸的水冲泡散茶，这一点不但在许多元代人的诗作里可以找到根

据，从出土的元代冯道真墓壁画上也能够找到证据。所以，使用茶碾的人渐渐变少了。

创新定型的明代茶具

与唐宋时期的茶具相比，明代的茶具，可以说是一次重大的改革。明太祖朱元璋颁布诏书将进贡团茶的制度废除，改为进贡叶茶，使叶茶的地位及饮用茶叶的方式得以确立。这项举措令茶具在造型、种类、釉色、使用方法等诸多方面都出现了很大变化。

煮水器到了明代之后已经从茶具中划分出来，人们通常不将其看做专门的茶具。各种壶的名字也是在这时候出现的，人们直接使用瓷壶或者紫砂壶来冲泡茶叶，并逐渐成为一种风尚。茶盏里的茶汤容易变凉或落入灰尘，而使用壶来冲泡茶叶则弥补了这些缺点。关于当时冲泡茶叶时所使用的茶壶，明代的冯可宾在《岕茶笺》中讲道："茶壶，窑器为上，锡次之……茶壶以小为贵，每一客，壶一把，任其自斟自饮，方为得趣，何也？壶小则香不涣散，味不耽阁。"

明代用壶冲泡茶叶，用杯盛茶，这种慢斟慢酌的方式受到广泛欢迎。杯的样式也较前代有了改进。明代的高足杯把元代近乎垂直的足部改成外撇

明代青花茶壶

足，使其稳定性得以增强。

明代主要饮用条形散茶，用于焙制和贮存茶叶的器具比唐宋时期更加重要，其中贮存茶叶主要使用瓷质或江苏宜兴紫砂陶质的茶罂。而在饮茶之前，要以水淋洗茶叶，这又是明代人饮茶的独特之处。所以，就饮茶的整个过程来说，当时所使用的茶具就有很多种，如茶笼、茶焙、茶壶、茶盏、茶洗、纸囊、茶炉及茶瓶等。

明代的茶具依然主要是瓷质的，不过白色的瓷器更能反衬出茶汤的颜色，所以茶盏的釉色就由宋代的黑色转变成白色，这是茶具发展历史上一个重大的转变。明代时，中国瓷器取得了长足的发展，茶具不仅造型优美，质地、花色、釉彩及窑品高下也更加考究，茶具开始朝着矮小而秀美、简约而精致的方向发展。茶壶、茶碗中衍生出许多珍品，明代宣德年间的宝石红、青花，成化年间的青花、斗彩等，都是茶具中的上品。壶的造型也多种多样，有把手式的，也有提梁式的，有扁身的，也有长身的；壶上的图案则大多为花鸟，山水和人物图案也异彩纷呈。

总体来讲，明代茶具同前代茶具相比，小茶壶有创新之处，茶盏有改进之处，它们皆是陶质或瓷质的。在这段时期内，江西景德镇的青花瓷茶具及白瓷茶具、江苏宜兴的紫砂茶具都取得了非常大的发展，无论是茶具的造型、色泽，还是样式、种类，皆步入致力于细致、精巧的新阶段。从明代一直到今天，人们所使用的茶具只在样式或者质地上稍作改动，但茶具的种类基本没有什么变化。

异彩纷呈的清代茶具

到了清代，茶的种类在绿茶基础上，又出现了红茶、黄茶、白茶、乌龙茶及黑茶，这几类茶仍为条形散茶。因此，清代人依然承袭了明代的饮茶方法——直接冲泡法。在这样的情形下，清代的茶具在样式和种类上都未能突破明代人的规范。

清代生产的茶具，釉色比前代更为丰富，有粉彩、青花和多种彩色釉，其中以景德镇的瓷器和宜兴的紫砂壶最为著名，称为"景瓷宜陶"。当时，锡质茶壶由于不容易磕裂、碰坏或碰碎，深受人们的欢迎，其程度仅比窑器低。另外，海南的生物（比如贝壳、椰子等）茶具、四川用竹编制的茶具、福州脱胎漆茶具也出现了，令清代茶具呈现出奇异灿烂的光彩。

在样式众多的清代茶具里，于康熙年间首次出现的盖碗，取代了茶壶冲泡茶叶，这是当时饮茶器具的一个重大进步，并一直沿用到今天。当时的茶具中，还将茶壶、数个小茶杯和茶盘搭配成套使用，茶壶、茶杯和茶盘上绘有相对应的花纹，别具一番风味。清代瓷质茶具的上乘作品大多出产于江西景德镇，除了青花瓷、五彩瓷茶具之外，那里还创造了粉彩、珐琅彩茶具。与此同时，江苏宜兴的紫砂陶茶具，在继承传统的基础上，也有所创新。康熙年间的宜兴紫砂名艺人陈鸣远所制的瓜形壶、束柴三友壶、莲子壶、梅干壶、蚕桑

▲清代珐琅彩茶盅

壶等，将雕塑和修饰集中于一体，饱含自然生趣，独具匠心；嘉庆年间的杨彭年和道光、咸丰年间的邵大亨所制的两种类型的紫砂壶在一段时期内名声也很大，杨彭年所制的茶壶以精致工巧见长，而邵大亨所制的茶壶则以淳朴无华著称。

值得一提的是，被称为"西泠八家"之一的陈曼生，当时担任溧阳县令，相传是他设计了新颖别致的"十八壶式"。这种壶的制作工序为：先由杨彭年、杨凤年兄妹二人制作，等到泥坯半干的时候，再由陈曼生使用竹刀在壶上刻下文字或书画。这种由工匠进行前期制作、由文人进行后期设计的壶被称为"曼生壶"，为江苏宜兴的紫砂壶开创了新的风尚，增加了茶壶的文化气息。

清代乾隆、嘉庆年间，江苏宜兴紫砂将红、绿、白等不同颜色的石质粉末施入釉中进行烧制，生产出了淡雅别致的粉彩茶壶，令传统砂壶的加工制作技艺又有了新的突破。

精良多样的现代茶具

现代的茶具，样式更新颖，品种更繁多，工艺更精细，质量更优良。在这些茶具中，金银、玉石、玛瑙或水晶茶具的价格比较贵重，竹木、陶瓷、玻璃或搪瓷茶具的价格比较低廉。另外，还有以大理石、漆器等制成的茶具。

伴随着茶艺形式及茶文化思想的不断演变，茶具也在不断地发展。不同的历史阶段，人们的饮茶方式也不同，因此便出现了与当时饮茶方式相适应的茶具。可以说，茶具的发展及演变过程，恰恰真实地展现了中国茶艺的发展历程。

茶具的种类

一套精致的茶具配以色、香、味俱全的名茶，可谓相得益彰。注重茶具本身的艺术也是我国古人讲究饮茶之道的重要表现之一，所以说要饮得好茶，就离不开相应的茶具。

竹木茶具

在上古时代刚有茶事之时，竹木器皿便被普遍用于餐饮，因此，竹木器皿应该算是最早的茶具种类了。在对茶具进行规范以后，也经常可以见到竹木质的茶具。陆羽所列出的二十四种茶具，大部分都是用竹木制成的。

木质茶具的原材料比较容易得到，制作起来也容易，对茶叶不会造成污染，对人体也没有危害。然而不足之处是不能长时间贮存茶叶，也不能长期使用。清代时，四川出现了一种用竹编制成的茶具，主要有茶盅、茶杯、茶托、茶盘及茶壶等，大多是制成一整套。竹编茶具通常由内胎与外套构成，内胎大多是陶瓷类的饮茶用具，外套使用精心挑选的慈竹，经过劈、启、揉、匀等多重工序，制成像头发一样柔软细密的竹丝，再经过烤色、染色，然后再按照茶具内胎的大小、形状编制嵌合，令其成为如同一个整体的茶具。这种竹编茶具不但可以保护内胎，减少破损，而且冲泡茶叶后不容易烫到手；与此同时，因为它色调协调，自然而漂亮，也是一种不可多得的工艺精品，非常富有艺术鉴赏价值。所以，大部分人购买竹编茶具不是为了使用，而主要是为了收藏及陈列。

金属茶具

由金、银、铜、锡
等金属制成的茶具，在
茶具的发展和演变过程
中曾是一个非常重要的
茶具种类。

在铁质器皿出现以
前，人们煮制食物的用

具主要是青铜器皿。而当时的茶是用生煮的方式煮成羹汤后饮
用，所以必定会使用到青铜质的煮鼎。直至秦汉时，宫廷内和高
官贵族们才开始用金碗、银瓶等金属质茶具。唐代时，为了显
示皇族的尊贵，皇宫里所使用的茶具大多是用金银制作而成的。
1987年，在陕西省扶风县法门寺的地宫里，共发现了唐僖宗李儇
所使用的12件金银质茶具，由此可以推知当时金银质茶具的大
致使用情况。

由于制造铁质器皿时所需的费用比青铜、金、银质器皿要
少，且易于推广，所以铁质器皿出现以后，就迅速走进了人们日
常生活中。因此，茶具中的铁质器具也逐渐增多了，比如铁质的
炉、釜、鼎等均得到广泛的使用。

实际上，用金属茶具饮茶并没有什么好处，特别是金银质地
的茶具，仅可以显示使用者尊贵的身份及地位。随着人们对茶
艺的研究与对茶性认识的深入，金属茶具渐渐被摒弃了。如今
我们所使用的茶具里，仅有非常少的一部分为金属质地的，比如
锡质的茶罐。

陶器茶具

从唐宋时开始，陶器茶具渐渐取代了历史悠久的金属茶具。

在陶器茶具中，江苏宜兴的紫砂茶具最为著名。它兴起于北宋之初（然而有明确文字记载的紫砂茶具则见于明代正德年间），后来逐渐成为别具一格的名优茶具，并盛行于明、清两个朝代。相传，北宋著名诗人苏轼喜好饮茶，在江苏宜兴独山讲学的时候，为了方便在外出时煮茶、饮茶，专门请人烧制了由他自己设计的提梁式紫砂壶，后人便把这种壶命名为"提梁壶"或"东坡壶"。苏轼曾在诗中写道，"银瓶泻油浮蚁酒，紫碗铺粟盘龙茶"，足以看出他对紫砂茶具是十分赞赏的。

与普通的陶器不一样，紫砂茶具的内部和外部皆不敷釉，而是使用独特的陶土，也就是紫泥、红泥和团山泥经过抟制和焙烧制作而成的陶土。紫砂茶具的成品，紫似熟透的葡萄、赤似红色的枫叶、黄似成熟的柑橙、赭似怒放的墨菊，华丽多姿，千变万化。它有成百上千种不同的造型，正所谓"方非一式，圆无一相"，而且制作工艺精深，色泽质朴无华。能工巧匠或名人大家在壶体上经常用钢刀代替笔，雕刻山水花鸟的图案，镌刻金石书法，令紫砂壶成了一种将文学、绘画、书法、雕刻、金石及造型集中于一体的艺术珍品，使人们在品茶的同时还能欣赏艺术，获得知识的启发与美的享受。

如今，我国的紫砂茶具主要产自江苏宜兴，在浙江长兴也有出产。

漆器茶具

从天然漆树上采割液汁进行炼制，然后掺入所需要的颜料，再将其涂于器具上，制成绚丽的漆器，这是我国祖先的一项重要发明。漆器作为我国古老的传统工艺品，其造型、花纹及图案都有着浓郁的民族特色。上古时代的漆器尽管只是素漆，然而大都是实用的物品，比如平常生活中的家具等。

殷商时，已经出现了许多经过艺术加工的漆器，比如碗、盘、盒、瓢、钵等。到了汉代，质量好、价格高的漆器被看做是富裕、尊贵的象征，此时的漆器有笥、碗、杯、勺、壶、尊等，其中有很大一部分是被作为茶具使用的。到了隋唐时，出现了现在比较常见的用于贮存茶饼的漆盒。在宋代，漆器茶具取得了更大的发展。在湖北武汉附近挖掘出来的宋代墓文物里，就已经有了渣斗、茶托等漆器茶具。由于宋代人推崇用黑色的茶碗"斗茶"，因此在宋代的茶具中，除了黑色的瓷器茶盏之外，较为多见的就是黑色的漆碗了，比如南京博物院珍藏的出土于江苏淮安杨庙的宋代黑漆花瓣形茶碗。到了元代，雕刻有工匠的名字或标志的漆器作品开始出现，元代知名工匠杨茂所制作的"剔红观瀑布图八方盘"，便是用于贮存茶团的茶盘，盘上绘制了侍童端茶图。明、清两个朝代也有许多漆器茶具，例如明永乐年间的漆器盏托、盖碗，正德年间的紫砂名艺人时大彬所制的砂胎漆壶，还有清乾隆皇帝曾作诗吟颂过的剔红品茶盒等，均是漆器茶具中的珍品。

事实上，在现代茶具中，依然可以看到漆器茶具。在承袭传统茶具风

▲瓷器茶具

格的基础上，现代漆器茶具又有了很多创新之处，深受人们的喜爱，比较知名的有北京雕漆茶具、福州脱胎茶具，以及江西鄱阳、宜春等地出产的脱胎漆器等。

瓷器茶具

我国另外一项重大的发明就是瓷器，它使人们平常生活中的器具种类变得更加丰富多样。

瓷器指的是用瓷土烧制成的器具，最早出现于商周时期。由于它质地坚固、耐于使用、美观干净、不容易腐蚀，制作费用也远远低于质地为金、银、铜、玉、漆器的器具，加上原材料很丰富，所以发展得很快，迅速取代了金属、陶质、漆质器具，成了人们日常生活中不可或缺的一部分。

瓷器茶具可以分为多个品种，包括白瓷茶具、黑瓷茶具、青瓷茶具、青花茶具及釉上彩瓷茶具等。

搪瓷茶具

搪瓷是以铁作为原材料，将其内外层涂上搪釉之后在高温下烧制而成的。搪瓷起源于古埃及，后来传入欧洲。如今广泛应用的铸铁搪瓷则起源于19世纪初期的德国和奥地利。

大致在元代时，搪瓷工艺开始传入我国。我国于明代景泰年间（1450—1456）创制的景泰蓝搪瓷茶具，足可以称为"珐琅镶嵌工艺品"。清代乾隆年间（1736—1795），景泰蓝搪瓷开始由皇宫传到民间，可以说，这就是我国搪瓷工业的开始。

20世纪初期，搪瓷茶具在我国开始大规模生产。搪瓷茶具因质地坚固、耐于使用、图案清晰、重量较轻且不易腐蚀而闻名。在多种多样的搪瓷茶具中，仿瓷茶杯洁白、细腻而有光泽，可以和瓷器相媲美；网眼花茶杯有网眼或彩色加网眼作修饰，而且层次明晰，具有比较强的艺术感；蝶形茶杯与鼓形茶杯造型新颖别致，质量轻且做工精巧；加彩搪瓷茶盘则可以用于摆放茶杯、茶壶等。这些各具特色的搪瓷茶具，都深受广大茶人的喜欢。然而搪瓷茶具因传热迅速，很容易烫到手，且置于茶几上时，会将桌面烫坏，所以使用的时候有一定的局限性，通常不用来招待宾客。

玻璃茶具

　　玻璃是一种有色、半透明且不透气的矿物质，古人将其称做"流璃"或"琉璃"。它具有非常强的可塑性，用其制作出来的茶具形状千姿百态，且色泽艳丽、光彩夺目。

　　古代巴比伦人最早研究出了制作玻璃的配方，距今已经有4500年左右的历史。汉代时，制作玻璃的技术经海路及丝绸之路传入我国。唐代时，我国也开始进行琉璃的加工制作。在陕西扶风法门寺地宫曾出土过由唐僖宗供奉的素面圈足淡黄色琉璃茶盏和素面淡黄色琉璃茶托，都是地道的中国琉璃茶具。虽然其造型较为原始，装饰简朴，质地略显浑浊，透明度不高，但在当时却属珍贵之物。同时，这也表明了中国的琉璃茶具制作在唐代时就已处于起步阶段。宋、元、明、清几代，我国生产了大批琉璃器件，然而主要都是琉璃艺术品，可用来作为茶具的并不多，所以自始至终都未形成琉璃茶具的规模性生产。直到近代，随着玻

璃工业的兴起，玻璃茶具才开始迅速兴盛起来。

在众多玻璃茶具中，最常见的就是茶杯。用茶杯来冲泡茶叶，茶汤之色，茶叶之姿，还有茶叶在冲泡时的沉浮漂移，皆一览无余。所以，各种细嫩的名优茶叶用玻璃茶杯来冲泡，是非常具有欣赏价值的。然而，玻璃茶杯质地脆、容易破碎，且传热迅速、容易烫到手，所以使用时需多加小心。另外，玻璃茶杯不透气，且保温性差，茶的香气也易于散失，因此使用茶杯冲泡出的茶最好尽快饮用完。

茶艺泡茶用具

茶叶有众多种类，冲泡方法也各不相同，但所使用的茶具都涉及泡茶、冲茶、饮茶、品茶的全部过程。在此，我们将茶艺的泡茶用具大体上分为冲茶器、附属茶器、煮水器和辅助用品四大类。

冲茶器

只要是能冲出茶来的器具，皆可称做冲茶器。按照不同的用途，可以将冲茶器分成六大类，即大壶、工夫茶壶、盖碗、茶碗、评鉴杯及同心杯组。

大壶

简单来说，大壶指的就是体积比较大，容量也比较大的茶壶。从明太祖朱元璋废除进贡团茶制度而改为进贡散茶时，大壶

就应运而生，并渐渐流行开来。早期的大壶是一种家庭必不可少的茶具，将其置于客厅的桌子上，可以用来招待客人饮茶。用大壶冲泡茶叶时需注意，不要放入太多茶叶，浸泡的时间也不要太长，以免影响茶汤的口感。目前使用的大壶通常注重便利性和实用性，对茶类没有特殊要求。

工夫茶壶

工夫茶壶也叫小壶，传说最早的使用者为明代的金沙僧。工夫茶壶不管是制作材料、造型，还是壶上的诗词、雕刻等皆有很高的艺术价值。依据壶把儿的不同拿法，可以把工夫茶壶分成正把、倒把、侧把、握把、提梁和飞天六种。

盖碗

盖碗由碗身、碗托、碗盖三部分组成，整体的演变过程是先有碗身，然后才有碗托、碗盖。盖碗也叫"三才碗"，明清时期非常流行。所谓"三才"，指的是天、地、人：碗盖在上面，叫做"天"；碗托在下面，叫做"地"；碗身居于中间，叫做"人"。从这样一副茶具中，人们

◤盖碗

可以体味出古代哲人"天盖之，地载之，人育之"的思想。

通常来讲，碗盖比碗口略小，呈倒扣的圆弧形。因盖缘和碗口紧密相接，中间没有缝隙，因此盖碗不仅可以保持茶汤的温度，还可以保留茶的香气。碗身口大且外敞，打开碗盖，茶汤的色泽、茶叶的颜色即可尽收眼底。置于碗身下面的碗托，既能起到隔热作用，也可以令盖碗的整体造型美丽而典雅。

需注意的是，使用盖碗冲泡茶叶时，注水至八分满就可以。

此外，盖碗不仅可以单独用做冲茶器，也可以用做附属茶器。

茶碗

茶碗早在唐宋时期就开始使用。到了近代，茶碗可分为有流、无流两种，二者都是日、韩抹茶道的冲茶器，其中无流茶碗也可以作为个人用茶具。

在茶碗中放置茶叶要适量，分茶时需搭配茶匙或汤匙，茶叶完全泡开后，可将茶叶捞至碗边然后饮用。夏天为了消暑还可用茶碗冷泡茶叶。

评鉴杯

评鉴杯是国际上专门用于评判、品鉴茶叶外观、芳香、味道及汤色的一种杯子。

评鉴杯的容量通常为150毫升，评鉴茶叶时可以取3克茶叶放入杯中，然后向杯中注入热水（水温根据具体的茶类来确定），浸泡五至六分钟，等到茶汤冷却五六分钟之后再进行评判、品鉴。

同心杯组

同心杯组是一种三件式泡茶器具，由外杯、内胆、杯盖三部分构成。因其加入了用于分离茶叶和茶汤的滤芯（即内胆）而得名。

同心杯组中的外杯有多种材质，可以是陶质、瓷质的，也可以是不锈钢的。同心杯组中的内胆大多被设计为滤网式，有些和外杯的材质一样，网孔比较粗大；有些则与外杯材质子不同，密度高，网孔较为细小，适合冲泡细小残碎的茶叶。

附属茶器，顾名思义是指茶艺中起依附作用的器皿。种类繁多，可进一步细分。

置茶器

茶则：一种唐代时就有的茶器，形状多种多样，用于取茶叶、测茶叶量和欣赏茶叶。

茶仓：一种用于短时间储存少量茶叶的罐子，有大有小，不仅节约空间，而且很漂亮，有的携带起来也很方便。

理茶器

茶匙：分为平匙、弯匙两种类型，通常两端都能使用，又尖又细的一端是尾部，用于取干茶；较宽的一端是头部，用于掏湿茶渣。

▲ 茶匙

茶夹：用于夹取湿茶渣，特别是提梁壶，有些角落在掏洗时不容易弄干净，需使用这一器具。

茶炙：也叫炙茶器，用于对茶叶进行二次烘焙。炙茶的时候需不断翻动茶叶，使其受热均匀。需注意的是，并非所有的茶叶均需使用这一器具进行二次烘焙，炙茶只适用于陈茶或者增添品茶的趣味。

品茗器

饮杯：指的是品茶时所使用的杯子。通常情况下，饮杯可以分成敞口、直口、翻口和缩口四种器型。

闻香杯：用来保留茶香的一种杯子，杯身一般比饮杯高，器型与饮杯相同。

杯托：是用于放置茶杯的小托盘，泡茶时可以将茶杯的位置

固定住，以免其弄湿或烫坏桌面。杯托通常轻便精巧，但不能吸水，易使杯子黏底或滑动。

杯垫：通常由竹木或布制作而成，优点是具有较强的吸水性，缺点是不便端着行走。

分茶器

茶海：也叫公道杯、茶盅，形状一般与没有柄的敞口茶壶类似，据说是由西方的奶盅演变而来的。使用时，先将泡好的茶汤全部倒入茶海里，再分别倒入各个小茶杯内，这样既可以均衡茶汤浓度，又可以防止茶汤的味道因茶叶浸泡时间过长而变得苦涩。

涤洁器

渣方：用于存放冲泡后剩余茶渣的器具。使用的时候茶渣容量不宜超过八分满。

水方：一种木制的方形盛水器皿。其功能是盛装废水，主要用于干式泡法，使用时水的总量最好不要超过八分满。

茶洗：用来放置待清洗或已清洗好的茶具的器具，可以选用椰壳、竹木为材质，这样与茶具的碰撞声会比较小。

茶巾：由布制作而成，用于擦拭冲泡茶叶时所产生的水迹，通常置于主人的右边。冲泡茶叶时宜准备两条茶巾，一条专门用来擦拭茶壶；另一条则用来擦拭桌面或其他有水迹的地方，这样既方便又卫生。

过滤网：用来过滤茶汤中茶末的器具，材质一般为不锈钢。但由于不锈钢材质不但不卫生，而且会造成茶汤品质的改变，所以过滤网实际上并不是十分必要的茶具。

其他

茶盘、茶承：茶盘主要用在传统湿式泡法过程中，功能是承接从茶壶里溢出的多余的水，其盛水量较多；茶承的功能与茶盘相似，不过盛水量比较少，因此通常用于干式泡法。（湿式泡法与干式泡法的主要区别就是水量的多与少，干式泡法格外注重桌面的干燥、整洁。）

盖置：泡茶的时候用来存放茶壶盖、茶盅盖的小盘子，既方便又干净。

壶垫：置于茶壶和茶承中间，可对茶壶起到一定的保护作用，减少直接的磕碰。不过由于容易脏污，需经常进行更换。

养壶垫：用湿式泡法泡茶时，通常用它来垫高茶壶，令茶壶不至于浸入水中，以避免壶身呈现两种颜色或留下水痕。现在人们大多用干式泡法泡茶，因此养壶垫的使用较少。

奉茶盘：即奉茶时所使用的盘子。使用时，应该先把奉茶盘置于桌上，之后再用双手将茶汤奉上。

茶巾盘：即放置茶巾的器具，如今使用的人也比较少。

壶包、杯袋：用于装茶壶、茶杯等茶具的袋子，既能对茶具起到一定的保护作用，又便于携带。

茶棚：专门用于放置茶具的略大一些的器具。现在设计出来的茶棚里

▲茶桌

面，每件茶具皆有其特定的位置，而且茶棚便于携带，既好看又实用，不论是居家还是外出饮茶时均可使用。

煮水器

茶艺离不开水，而水通常以煮开为佳，所以茶艺离不开煮水器。

煮水器有很多种类，其材质和样式也各不相同。不论是用风炉进行加热的陶水壶、用电进行加热的铝壶，还是用酒精灯进行加热的瓷水壶，目前均有人在使用，只要其在加热煮水的过程中不会令水变质变味就可以。

辅助用品

茶艺中除需使用上述各类茶具外，还可适当添加以下辅助用品，增添茶趣。

茶车
专门用来存放整套茶具的柜子，底部安装着轮子，移动起来非常方便。

茶桌
冲泡茶叶时所使用的桌子，通常约有150厘米长、60至80厘米宽。

茶席
冲泡茶叶时专门使用的席面。

茶凳
冲泡茶叶时所坐的凳子，其高低应该和茶车或者茶桌相搭配。

坐垫
在桌子上或地上冲泡茶叶时，用来坐在上面或跪在上面的柔软垫子，通常是边长为60厘米的正方形物，或为60厘米×45厘米的长方形物。

茶室用品

屏风：用于遮蔽非泡茶区域，或者用于装点、修饰茶室。

茶挂：悬挂于墙上的书画或艺术作品，可营造出良好的茶艺氛围。

花器：用于插花的花篮、竹篓、花瓶、花盆等物品。

茶具的选购

当今，不同材质、不同款式、不同种类的茶具层出不穷，琳琅满目。要想得到真正能称得上品茗妙器的茶具，就需要人们在选购时多花一些心思。俗话说"名茶配妙器"，妙器在手，才能与名茶珠联璧合。

茶、器总相宜

品茶，既是一种美好的生活享受，又是一种生活的艺术。茶具直接影响着人们在泡茶品茶过程中的个人感觉。所以在挑选茶具时应当注意，不同指标的茶具要搭配不同的茶叶，只有如此才可以冲泡出清醇芳香的好茶，品味出茶的浓郁滋味。

茶具大小适宜

茶具的大小应该和茶叶的种类相符合。比如，饮用绿茶类名优茶叶或别的细嫩茶叶时，适合使用小茶具。若茶具过大，不但会对茶叶造成浪费，而且会因开水较多，载热量较大，而易烫透

茶叶，影响茶汤的色泽、香气和味道。一般情况下，茶壶的容量最好为200毫升，茶杯的容量最好为150毫升。

茶具质地适宜

茶具的质地应与茶叶的种类相适应。例如，冲泡花茶时通常使用瓷壶，饮用时使用瓷杯，茶壶的大小根据人数的多少来确定；南方人喜爱的炒青或烘青绿茶，冲泡时大多使用带盖的瓷壶；冲泡乌龙茶时，适宜使用紫砂茶具；冲泡工夫红茶及红碎茶时，通常使用瓷壶或紫砂壶；冲泡西湖龙井、洞庭碧螺春、君山银针等名茶时，为了增加美感，通常使用无色透明的玻璃杯。

茶具色泽适宜

茶具外表的色泽，应该与茶叶的色泽相匹配。饮具的内壁通常以白色为宜，这样可以真切地反映茶汤的色泽与纯净度。在观赏茶艺、品鉴茶叶时，还应该多加留意，同一套茶具里的茶壶、茶盅、茶杯等的颜色应该相配，茶船、茶托、茶盖等器具的色调也应该协调，这样才能使整套茶具如同一个不可分割的整体。如果将主茶具的色调作为基准，然后用同一色系的辅助用品与之相搭配，则更是完美无缺。

下面列举出几类茶适宜选配的茶具色泽：绿茶适宜无色、无花、无盖的透明玻璃杯或白瓷、青瓷、青花瓷的无盖杯；花茶适宜青瓷或青花瓷的盖碗、盖杯；黄茶适宜奶白或黄橙色的有盖壶杯具；红茶适宜内挂白釉紫砂、白瓷、红釉瓷、暖色瓷的有盖壶杯具或咖啡壶具；白茶适宜白瓷或黄泥炻器壶杯，内壁有色黑瓷；乌龙茶适宜紫砂壶杯具，或白瓷的壶杯具、盖碗、盖杯。

主茶具的选择

由茶壶、茶船、茶盅、茶杯、杯托、盖置等构成的主茶具，一定要符合泡、饮茶的功能要求，不能只有纯粹的玲珑的造型、精美的图案和亮丽的色彩。操作简单、外形美观且方便实用是主茶具的最基本条件。

茶壶

"壶为茶之父，水为茶之母，炭为茶之友"，对泡茶而言，壶是极其重要的。一把好壶不但方便冲泡，更能充分溶释出茶叶的滋味。因此，"识壶"成为"识茶"之外的第二大学问。概

▶陶瓷茶壶

括来讲，"识壶"应注重五个方面，即质地、壶味、精密度、出水和重心。

茶壶的质地以陶瓷为最好，玻璃居中，搪瓷最次。无论何质地，做工都应细致。选购茶壶时应先将壶体置于手掌上，轻拿壶盖碰触壶身，若发出铿锵清脆的声音，则表示壶的质地良好；若声音过于低沉则表示导热效果不好；声音高而尖锐则是传热太快。

买新壶时，应注意闻壶中的味道，有少许的瓦味没有大碍，但带火烧味、油味或染料味的壶，最好不要选购。

壶的精密度是指壶盖和壶身的紧密程度，密合度越高越好，否则热度、香气都容易消散。测定壶的精密度可先注入半壶水，然后在正面用手压壶盖气孔，倾壶倒水，如果壶口滴水不漏，表示壶的密合度好。

　　壶的出水和壶嘴的设计有关，以倾壶倒尽水，壶中滴水不存为佳，壶中如有残留的茶水或出水不顺畅的最好不要选购。

　　注意重心，就是要看提起壶时是否顺手。除了壶把的弯度粗细要适宜外，壶把的着力点也要位于（或接近于）壶身受水时的重心。选购茶壶时可先在壶中注入大半壶水，然后将壶水平提起，慢慢倒水，顺手的就是好壶；若须用力紧握，甚至拿不稳的则不佳。

茶船

　　茶船除了作为置放茶壶的垫底用具，防止茶壶烫桌、热水滴溅外，也可作"湿壶"、"淋壶"的蓄水之用，有时还可用来观看叶底，盛放茶渣和废水，有增

▲ 茶船

加美感之效。所以选择时应在形状、大小和风格等多个方面多加注意。

　　茶船有多种形状，主要有盘状、碗状及带夹层的三种。由于盘状茶船不能盛装废水，而碗状茶船则可以，所以在性能上，盘状茶船不如碗状茶船好。但是，使用碗状茶船时，茶壶的下半身由于长时间泡在水里，会在颜色上与茶壶的上半身产生差异。而带夹层的茶船则弥补了上述不足，其上层具备了茶船其他方面的功能，下层又能盛装废水，可以说既有实用性，又能养茶壶。因此，带夹层的茶船在性能上比碗状茶船和盘状茶盘都更好。

　　茶船有大有小，普通茶船的围沿比茶壶的最宽处还要大一些。碗状茶船和带夹层的茶船的容水量，应该至少是茶壶容水量的两倍，不过也不能太大，要尽量和茶壶的比例相称。

茶船的风格应该和茶壶的风格统一。另外，茶船的形制要精细巧妙，耐人玩味。试想一下，主人泡完茶叶后，将一些已经泡好的茶叶置于茶船之上，然后在茶船中注入一些清水，令茶叶在水中自由浮沉，之后将茶船端出来请宾客观赏叶底，这该是多么惬意的事情啊！

茶盅

茶盅的功能是均匀茶汤浓度和过滤茶渣。在选购茶盅时，需注意如下几点：

第一，茶盅的形状、颜色最好和茶壶一致。尽管有时候可以选用形状、颜色与茶壶不一样的茶盅，不过也要令整体看上去和谐美观。如果以茶壶取代茶盅，则两个茶壶最好是一个大一个小、一个高一个低，以区分主次。

第二，通常情况下，茶盅的容量和茶壶一样就可以。有的时候，茶盅的容量也可以是茶壶容量的1.5至2.0倍，这样一来，在宾客比较多的时候，可以先冲泡两三次茶，将其混合之后再作为一道茶来品饮。

第三，茶盅过滤茶渣的功能要好。在茶盅的水嘴外部加上一片密度较大的过滤网，就能将茶汤里细碎的茶渣过滤掉。

第四，茶盅的断水性能要好。并非所有的茶盅都带盖，其断水性能的好坏完全取决于水嘴的形状。茶盅的断水性能，对分配茶汤时动作是否优美高雅有着直接的影响。假如分配茶汤时水滴四处飞溅，对宾客来说是非常无礼的。在选购茶盅时，仅通过目测来准确判断其断水性能的好坏

是比较难的，可以在茶盅中注入水来试用，这样判断出来的结果才比较准确。

茶杯

茶杯是用来饮茶的，对其要求是持握时不烫手，且使用方便。茶杯有多种造型，使用时的感觉也各不一样，在选购时要遵循如下几个基本准则：

第一，茶杯的杯口要平滑。选购时可以将茶杯倒置在平板上，用食指和中指按住茶杯底，让茶杯朝左右两个方向旋转，如果有叩击之声，说明杯口不平滑，反之则平滑。

第二，茶杯的杯身有多种类型，可依照各人的习惯和喜好来挑选。使用盏形茶杯饮茶时，不用抬头就能将茶汤饮完；使用直口茶杯时，需要抬起头才能饮完；而使用收口茶杯时，必须仰着头才能将茶汤饮完。

第三，茶杯的杯底要平滑。检测杯底是否平滑的方法与检测杯口的方法相同。

第四，茶杯的大小应该和茶壶相配。容水量为20至50毫升、杯深不小于2.5厘米的小茶杯适合与小茶壶相配，使用起来很方便；容水量为100至150毫升的大茶杯适合与大茶壶相配，既可以啜饮，又可以解渴。

第五，茶杯外侧的颜色应该和茶壶的颜色统一。为了便于察看茶汤真实的颜色，茶杯内壁的颜色以白色为宜。有的时候为了增强视觉效果，茶杯的内壁也可以使用一些较特别的颜色。比如，牙白色瓷可以令橘红色的茶汤显得更加柔媚；青瓷可以令绿茶茶汤"黄中带绿"的效果更加明显；黑釉与紫砂等颜色，尽管不容易凸显茶汤的颜色、纯净度，不过却可以令茶汤显得更为纯正浓厚。

第六，要留意茶杯的数目。通常情况下，成套的茶具都按照单数来配置茶杯。如果是一把茶壶一个茶杯，适合独坐品茶；如果是一把茶壶三个茶杯，适合邀请一二挚友烹茶夜话；如果是一把茶壶五个茶杯，则适合与亲朋好友一起饮茶消遣；如果是许多人在一起会聚宴饮，则可以使用数套茶具或冲泡大桶茶。因此在选购茶杯的时候，宜购买一些备用的茶杯，以免破损后没有富余的茶杯进行补充。

杯托

杯托是用于盛放茶杯的器具。杯托有多种风格，总体的要求是容易拿取、稳当及不会与茶杯粘合在一起。

杯托的托沿应该至少距离桌面1.5厘米，这样端起来才比较方便；若杯托为平板状，则不方便端取。所以，就算杯托为盘式，也应该带有具一定高度的圈足。此外，杯托中央应该为凹形圆，且其大小和杯底的圈足应该恰好吻合，这样茶杯放上去才稳当。一些用光滑的材质（比如金属等）制作而成的杯托，经常在中央制作出一个圈形，以便牢牢嵌住茶杯。还需留意的是，杯托的托沿、托底都应该是平滑的，其检测方法与检测杯口的方法相同。

盖置

盖置可以令壶盖保持洁净，且可以防止壶盖上的水滴落到桌子上。它的样式较多，主要为托垫式和支撑式。其中，托垫式盖置因盘面比盖子要大，而且有能汇聚水滴的凹槽，所以使用的人比较多。支撑式盖置呈筒状，仅能撑住盖子的中央部位，所以盖子需设计为有集水功能的，令盖子上的水能够汇集到中央部位再滴入筒里蓄存起来；其高度最好比茶杯稍微高一些，也可以使用直筒杯来代替。

茶具的保养

选购好茶具可以泡得好茶，品得茶香，但要想茶韵长存，还要注意茶具的日常保养。

对于一般的陶瓷茶具、玻璃茶具或是现代工艺茶具，只要用后及时清洁即可。但对于紫砂茶具，即使在平时也要注意养护，尤其是紫砂茶壶，保养时要遵循以下三个步骤：

一、冲泡茶叶

紫砂茶壶有吸水性，经常使用能够吸着茶香茶味，不仅可以"韵味育香"，而且还可以令整个壶身逐渐形成一种淳朴柔润的光泽。因此，一把紫砂茶壶仅泡一种茶叶，这样泡出来的茶汤才更能保持原味的新鲜和纯正。

▶紫砂壶

二、及时清洁

冲泡完茶叶之后，应该及时把茶壶中的茶渣掏出来，使用清水把茶壶从里到外都清洗干净，然后置于阴凉通风处使其慢慢干燥。注意不要使用洗洁精一类的化学清洁剂，以防止茶壶出现异味或将壶身上的光泽洗掉。对于茶壶上的图案或花纹，可以经常使用软毛牙刷进行清洁。

三、勤加擦拭

茶壶需要勤加擦拭，这样其本身所具有的泥质光泽才能显现出来。对茶壶进行清洁之后，使用洁净的茶巾或别的比较柔软细密的布轻擦茶壶的外部，能使茶壶变得越来越有光泽。然而需注意的是，不可往壶身上涂擦油剂，这样只能适得其反。

三 水的艺术

俗话说："茶有各种茶，水有多种水，只有好茶、好水，味才美。"茶与水关系至深，水是茶的载体，谈茶，当然离不开水，那么我们就来探求一下有关水的艺术。

择"真水"

明代的许次纾曾在《茶疏》里写道："精茗蕴香，借水而发，无水不可与论茶也。"可见，在饮茶艺术中，对水的选择是一个非常重要的部分。而对烹茶用水的最高要求则是"真水"。所谓"真水"，其评价标准主要涉及水质、水味两方面：对水质的要求是清、轻、活；对水味的要求则是甘。

水质需"清"

宋代大兴"斗茶"之风，强调茶汤以白为贵，因而对水质的

要求，更以清净为重，择水重在"山泉之清者"。明代熊明遇也曾说："养水须置石子于瓮，不惟益水，而白石清泉，会心亦不在远。"这都是在讲饮茶用水需以"清"为上。

清是相对浊而言的。饮用水应当质地洁净，这是生活中的常识，烹茶用水更应澄沏无垢，正所谓"清明不淆。"为了获取清洁的水，除注意选择泉水外，古人还创造了很多澄水、养水的方法。田艺衡在《煮泉小品》中说："移水取石子置瓶中，虽养其味，亦可澄水，令之不淆。""择水中洁净白石，带泉煮之，尤妙，尤妙！"这种以石养水法别有一番情趣。罗廪在《茶解》中说："大瓷瓮满贮，投伏龙肝一块——即灶中心干土也——乘热投之。"这就是古人常用的灶心土净水法。有人认为，经这样处理过的水还可防水虫孳生。

水性应"轻"

清代乾隆皇帝一生爱茶，是一位品泉评茶的行家。陆以湉在《冷庐杂识》中记载说，乾隆每次出巡都带着一只特制银斗，用来"精量各地泉水"，并以质量轻重排出优次。因为北京玉泉山的泉水最轻而且味道甘美，他还将其定为"天下第一泉"，专用该水来泡茶。可见，乾隆认为煮茶之水以轻者为佳。

陆羽在《茶经》中对泡茶用水有过这样的描述："山水上，江水中，井水下。"山水所处之势高于江水，江水又高于井水，所谓高者为轻，因此从另一个角度理解，陆羽也认为泡茶应用"轻"水。

从现代科学的角度来看，水之轻、重，有些类似于今天所

说的软水、硬水。硬水中含有较多的钙、镁离子，以及一些微量元素，它们会与茶中的成分发生反应，从而影响茶汤的口感。因而硬水不宜泡茶，软水才是理想的泡茶用水。

雪水和雨水属软水，古人誉其为"天泉"，认为它们是泡茶的好水。清代曹雪芹在《红楼梦》"贾宝玉品茶栊翠庵"一回中，就对雪水泡茶之法有过极其生动的描述。古时候雪水和雨水受污染程度小，可以直接饮用，所以泡茶效果很好。但现在环境污染太过严重，所以不能再直接用雪水和雨水来泡茶。

泉水、溪水、江河水属暂时硬水，经过煮沸就可以变为软水，泡茶效果也相当好。我国有很多名泉，如江苏镇江的冷泉、无锡惠山的惠泉、苏州虎丘的观音泉和杭州的虎跑泉等，都是沏茶的优质泉水。但需要注意，有些泉水，如硫磺矿泉则不宜用于泡茶。

井水是地下水，部分地下水属硬水，所以陆羽所说的"井水下"亦相当有道理。不过一些水质甘美的井水还是可以用来泡茶的。

水品在"活"

北宋苏东坡《汲江煎茶》诗中的"活水还须活火烹，自临钓石汲深情。大瓢贮月归春瓮，小杓分江入夜瓶"；宋代唐庚《斗茶记》中的"水不问江井，要之贵活"等等，都说明宜茶水品贵在"活"。

活水即能流动之水，因为"流水不腐"，流动的水中携带的腐败物质少，水质就更纯净，所以泡茶效果最佳。但瀑布、湍流一类"气盛而脉涌"是缺乏中和淳厚之气的"过激水"，古人认为这与主静的茶旨不合，因而不主张用来泡茶。

水味要"甘"

宋代蔡襄在《茶录》中认为："水泉不甘，能损茶味。"明代罗廪在《茶解》中写道："梅雨如膏，万物赖以滋养，其味独甘，梅后便不堪饮。"他也认为宜茶水品重在于"甘"，只有水"甘"，才能出"味"。

随着时代的进步，现代人对水的要求已很难用古人的标准来衡量。目前，茶界对饮茶用水所认定的水质主要标准是：色度不超过15度，无异色；浑浊度小于5度；无异臭味；不含有肉眼可见物；pH介于6.5至8.5之间，总硬度不高于25度；毒理学及细菌指标合格。

天下名泉

现今冲泡茶叶时，最宜使用泉水。唐代的陆羽在《茶经》里也曾写道："其水，用山水上。"我国的泉水（即山水）资源极其丰富，其中较为出名的就多达百余处，备受广大茶人的喜欢。

镇江金山中泠泉

中泠泉，位于江苏省镇江市金山脚下，古时又称南零水，其水煮茶，清香甘冽，有"天下第一泉"之称。

其实中泠泉被称为"天下第一泉"，与其不易提取有关。据《金山志》记载："中泠泉在金山之西，石弹山下，当波涛最险处。"苏东坡也有诗云："中泠南畔石盘陀，古来出没随涛

波"。由此可以想见，当时中泠泉在滔滔江水之下时出时没的独特情境，它也因此而被蒙上了一层神秘的色彩：据说古人汲水一定要在"子午二辰"（即上午11时至下午13时；夜间23时至次日凌辰1时）这段时间里，还要用特殊的器具——铜瓶或铜葫芦来汲水，绳子也要有一定的长度，这样才能垂入石窟之中得到真泉水，过浅、过深或前后移位都难以取到中泠泉的真味。当年南宋诗人陆游游览此泉时，曾留下这样的诗"铜瓶愁汲中濡水，不见茶山九十翁"。南宋抗金将领、著名诗人文天祥也曾有诗吟咏此泉："扬子江心第一泉，南金来北铸文渊，男儿斩却楼兰首，闲品茶经拜羽仙。"

明末清初，长江水道停止南迁，改向北移，致使南岸江滩不断扩大，到同治年间，已与金山相连，但中泠泉由于所处位置较低，仍然时常淹没于长江水面之下，直至清朝末年，才完全露出地面。现在泉口地面标高4.8米。后人在泉眼四周砌成石栏方池，又在池南建亭，在池北建楼。清代书法家王仁堪在石栏上亲题了"天下第一泉"五个苍劲有力的大字，从而使这里成了镇江的一处旅游胜地。

北京玉泉山玉泉

玉泉，位于北京西郊玉泉山东麓，当人们步入风景秀丽的颐和园昆明湖畔时，玉泉山上的高峻塔影就会伴着波光山色映入眼帘。

明代蒋一葵曾在《长安客话》中，对玉泉山水进行了生动的描绘："出万寿寺，渡溪更西十五里为玉泉山，山以泉名。泉出石罅间，诸而为池，广三丈许，名玉泉池，池内如明珠万斗，拥起不绝，知为源也。水色清而碧，细石流沙，绿藻翠荇，一一可辨。池东跨小桥，水经桥下流入西湖，为京师八景之一，曰'玉泉垂虹'。"胡应麟在游历玉泉之后也曾作诗一首："飞流望不极，缥缈挂长川。天际银河落，峰头玉井连。波声回太液，云气引甘泉。更上遗宫顶，千林起夕烟。"王英曾如此赞叹玉泉："山下泉流似玉虹，清怜不与众泉同。地连琼岛瀛洲近，源与蓬莱翠水通。出润晓光斜映月，入湖春浪细含风。迢迢终见归沧海，万物皆资润泽功。"由此可见玉泉的魅力非凡。

玉泉，这一泓天下名泉，同天下诸多佳水一样，往往同古代帝君品茗鉴泉紧密联系在一起。清康熙皇帝曾在玉泉所在处建造了澄心园，后更名为静明园。自那时起，玉泉就成为了宫廷帝后茗饮的御用泉水。特别好茶的乾隆皇帝，对水质的优劣别有一番见解。他曾遍游名山大川，每次出行都命人用特制的银质小斗来严格称量每斗水的不同重量，以此来鉴定水质的好坏。乾隆皇帝收集了全国各地的名泉水样，结果发现北京西郊玉泉山玉泉和塞外伊逊河（今承德地区境内）的水质最轻，都是斗重一两。济南的珍珠泉斗重一两二厘；扬子江金山泉斗重一两三厘；至于惠山、虎跑则各为一两四厘；平山一两六厘；清凉山、白沙、虎丘及京西碧云寺各为一两一分。乾隆认为没有比玉泉山玉泉更轻的泉水了，即使有，也只能是无法恒得的雪水。所以凭借乾隆的衡量标准，北京西郊玉泉山的玉泉成为了天下第一泉。不论正确与否，这种观点盛行一时。其实玉泉能获此殊荣，除了泉水水质好外，也是受到了乾隆皇帝的偏爱，当时京师多苦水，宫廷用水都取自玉泉。另外，玉泉山的景色确实是幽静佳丽，当时的玉泉泉水清澄如玉，自高处"龙口"喷出，琼浆倒倾，犹如老龙喷汲，所以"天下第一泉"的称号也当之无愧。

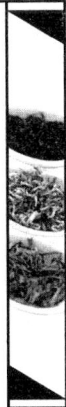

济南趵突泉

趵突泉，位于山东济南市西门桥南的趵突泉公园内，一名瀑流，又名槛泉，宋代开始有人称其为"趵突泉"。素有"泉城"之誉的济南，有以趵突泉、黑虎泉、珍珠泉、五龙潭为代表的四大泉群，而趵突泉居济南七十二名泉之首，也是我国北方最负盛名的大泉之一。趵突泉是古泺水的发源地。《春秋》中记载，公元前694年鲁桓公"会齐侯于泺"，"泺"即是此地。

趵突泉自地下岩溶溶洞的裂缝中涌出，三窟并发，浪花四溅，声若隐雷，势如鼎沸，平均流量为每秒1.6立方米。北魏地理学家郦道元在《水经注》中有云："泉源上奋，水涌若轮。"趵突泉的泉池略成方型，面积亩许，周砌石栏，池内清泉三股，昼夜喷涌，犹如白雪三堆，冬夏如一，蔚为奇观。汲来泉水煮茶，味醇色鲜，清香怡人，因此坊间流传着"不饮趵突水，空负济南游"的说法。

在泉池之北有始建于宋、重建于清的泺源堂。堂前抱柱上刻有元代书法家赵孟頫撰写的楹联："云雾润蒸华不注，波涛声震大明湖。"后院壁上还嵌有若干明清以来的咏泉石刻。在西南方明代所建的观澜亭中，立有"趵突泉"、"观澜"、"第一泉"等明清石碑。池东有座

▶ 趵突泉

来鹤桥，桥东大片的散泉汇注成池。在泉池之上，有座望鹤亭，此亭半伸于水中，如画舫游船浮于水上，清幽雅致，为游人赏泉品茶之佳处。古往今来，凡来济南的人无不流连于那一番"家家泉水，户户垂杨"、"四面荷花三面柳，一城山色半城湖"的泉城绮丽风光之中。清代乾隆末年，时任山东按察使的石韫玉在《济南趵突泉联》中言道，"画阁镜中，看幻作神仙福地。飞泉云外，听写成山水清音"，更是把趵突泉描绘成了天上人间的灵泉福地。飞泉流云间，一派仙乐清音，只有灵犀相通，才能领略哪半是人间，哪半是天上。真有一种似真似幻的奇妙意韵。

苏州虎丘石泉水

苏州虎丘，又名海涌山，位于苏州市阊门外西北山塘街。关于虎丘名字的由来，有两种不同的说法。一种是相传在春秋时期，吴王夫差死后葬在此处，下葬后的第三天，来了一只白虎蹲在这里，所以命名为虎丘；另一种说法是"丘如蹲虎。以形名。"

苏州虎丘所拥有的名泉佳水，为人称道。据《苏州府志》记载，茶圣陆羽晚年，曾长期寓居在苏州虎丘。他一边研究茶学、研究水质对饮茶的影响，一边继续著书立说。陆羽发现虎丘山泉甘甜可口，就在虎丘山上挖筑一口石井，称为"陆羽井"，又称"陆羽泉"，并将其评为"天下第五泉"。据说，连当时的皇帝都听说了这个消息，特意把陆羽召进宫里，命他煮茶。陆羽还利用虎丘泉水来栽培苏州茶树，并总结出一整套适宜苏州地理环境的栽茶、采茶方法。通过陆羽的大力倡导，"苏州人饮茶成习俗，百姓营生，种茶亦为一业"。继陆羽之后，水质清味甘美的虎丘石泉又被唐代另一品泉家刘伯刍评为"天下第三泉"。所以虎丘石泉也以"天下第三泉"的名号流传于世。

四　泡茶艺术

将茶叶置于茶具中，注入真水，似乎好茶将近。殊不知，这泡茶看似简单，其实大有学问，细究之下，也堪称一门深奥的艺术。

烹茶方法的演变

茶，作为我国古老的经济作物之一，先是被用做药物，然后被用做食物，最后才被用做饮品，深受人们的喜爱。几千年来，茶的烹煮方法一直发生着变化，先后大致出现了四种烹茶方法，分别是：煮茶法、煎茶法、点茶法和泡茶法。

源于西汉、盛于初唐的煮茶法

煮茶法起源于西汉时期，直到现在还被人们所使用，可谓历史悠久。

此法是由茶叶的食用方法及药用方法衍生出来。茶叶的食用方法，就是将新鲜茶叶和芝麻、桃仁、瓜仁等配料，一并烧煮为羹粥后食用，通常还要加入少许盐进行调味；茶叶的药用方法，就是在新鲜茶

▶煮茶

叶或干叶和椒、姜、桂、薄荷或陈皮等配料，一并烧煮为汤汁后服用。而煮茶法就是直接把新鲜茶叶或干茶放进水里进行烧煮，我国四川在西汉时期就已经广泛使用煮茶法来烹煮茶叶，这一点可以在西汉王褒所写的《僮约》里找到佐证。

唐代时，茶叶制作工艺日渐发展，人们不再直接烹煮新鲜茶叶，这是因为饼茶、散茶的品种越来越多，并成了馈赠他人的佳品。饮茶的时候，先把饼茶碾为碎末状，然后放进锅里进行烧煮，待煮开后香味四溢时就可以饮用了。另外，当时还出现了用蒸青法捣焙加工制成的紧压固形绿茶，使茶叶的香气及品质都得到了改善。

煮茶法在唐代之后就不再是主要的烹茶方法了，仅盛行于少数民族地区。直到今天，藏族、蒙古族、维吾尔族、回族等少数民族仍然在使用煮茶法。

流行于中、晚唐的煎茶法

煎茶法是我国中、晚唐时期主要的烹茶方法，也是我国茶艺的最初形式。煎茶法也叫"陆羽式煎茶法"，专指陆羽在《茶

经》中所记载的饮用茶叶的方法。这种烹茶方法后来传至日本、韩国等地区，在茶艺发展史上，其影响重大而深远。

煎茶法源于抹茶的烹煮法。在烹煮抹茶的时候，茶叶内所含的物质在沸水里非常容易被浸出来，无法经受长时间的烧煮，茶汤的色泽、香气、味道皆易受到影响。因此，陆羽对抹茶的烹煮法进行了改进，在水略微沸腾时放入盐，再次沸腾时放入茶末，第三次沸腾时茶就煎好了。如此一来，茶叶煎煮的时间比较短，茶汤的色泽、香气、味道都很好。

陆羽式煎茶法主要有烧水、煮茶两道程序，具体操作如下：

先把水放进镀（陆羽设计的一种大锅，两侧均有方形耳）中烧沸。当水面呈现出似鱼眼般碎小的水珠，且略微发出声响的时候，为第一次沸腾，此时要立即将适量的盐加入水中以调和味道。当锅边的水泡像喷涌而出的泉水水珠一样个个相连的时候，为第二次沸腾，此时，先从锅里舀出一瓢沸水放在一边，然后使用竹夹在锅里搅出水涡，以均匀水的沸腾度。随后，用量茶用的名为"则"的小勺，取出一则茶末，放入水涡中央，再进行搅动。煮到茶汤有"奔涛溅沫"之势的时候，为第三次沸腾，这时，把刚才从锅里舀出来的那一瓢沸水倒回锅里，使茶汤停止沸腾。此时，茶汤表面会出现很多汤花、浮沫，这就是茶汤之精华——"沫饽"。当汤花浮起来的时候，茶的香气就达到了最佳状态，这时，就可以"酌茶"了。酌茶，即用瓢往茶盏里均分茶汤。酌茶的要点是要把沫饽均匀地分配到各个茶盏中，

▲ 煎茶

如果"沫饽"分配不均匀，每个茶盏里的茶汤味道就会不同。茶汤嫩绿中带着黄色，似雪的汤花浮于其上，二者相互映衬，别具趣味。诗人品茗之时，一旦兴致来了，必定会对此情此景吟咏一番，以遣情怀。中唐时期的著名诗人白居易，在其所作的《睡后茶兴忆杨同州》一诗中便写下了"白瓷瓯甚洁，红炉炭方炽。沫下麹尘香，花浮鱼眼沸"的佳句。

煎茶法在整个唐代都很盛行。它把简单的饮茶行为升华成一种美好的艺术享受，使人们在一道道繁杂琐碎的程序之后，能够浅酌慢饮，陶醉于一种恬静、淡泊、忘我的境界，获得物质上和精神上的极大满足和慰藉。

盛行于两宋的点茶法

点茶法是中国古代茶艺的代表之一，它源自晚唐，经由五代至北宋，逐步兴盛起来。点茶法的影响汲及亚洲许多国家，对日本的抹茶道影响尤深。

点茶法虽来源于煎茶法，但步骤却比煎茶法更为精细、严密，这表现出宋朝人与前人不同的物质、文化享受和精神追求。宋朝人点茶之前先要碾茶，具体方法如下：首先，将用纸包好的饼茶捶碎；然后，将捶碎的茶放于茶碾之上碾成粉末；最后，将粉末用茶箩过筛。由于茶末放置久了会变色，影响茶汤的品质，所以要随用随碾。

宋朝时期要求人们在制茶前就将茶叶焙至熟透，所以点茶法可省去炙烤茶饼这一程序，因此煎水便成为非常重要的环节。宋朝人煎水用的容器与前人不同，他们用水瓶之类的容器取代

了大口的"鍑"。蔡襄《茶录》云："瓶，要小者，易候汤，又点茶、注汤有准，黄金为上，人间以银、铁或瓷、石为之。"瓶的体积小，有封盖，既卫生，又能更好地利用热能。

为保持茶叶的真味，点茶法是不加盐的。宋徽宗赵佶在《大观茶论》中说道："盏惟热，则茶发耐久。"点茶前要先用沸水将茶盏烫热。茶盏热好后，可以先在大茶区中点茶，然后用"杓"将茶分到小茶盏中饮用，也可以在小茶盏中直接点茶。将精制、滤筛过的茶末放入热好的茶盏中，加入瓶中的沸水，将茶末调成浓膏油状，这一过程被称做"调膏"。

煎水、调膏完成之后便可进行点水。点水时要注意，除了落水点要准外，还要进行"击拂"。具体操作方法是一边用手平稳地点入沸水，一边用"茶筅"（用老竹制成，状似小扫把的工具）慢慢地搅动茶膏。当茶汤表面浮起乳沫时，茶便冲好了。

点茶一般在宋朝人"斗茶"时进行。无论是朋友，还是陌生人，只要对茶有着浓厚兴趣便可聚在一起互相比试。斗茶的评判标准主要有两条：一是观"水痕"，二是看"水色"。观水痕，即看汤花与茶盏内壁接触的地方是否有水痕存在，水痕少的一方获胜；看水色，即看茶汤的均匀度与色泽，颜色鲜白的一方获胜。

流传于世的泡茶法

泡茶法是中华茶艺最具代表性的形式之一，对日本的煎茶道、朝鲜茶礼及亚、非、欧美国家的茶文化都有深远的影响。

泡茶法来源于唐朝"庵茶"的壶泡方式和宋朝点茶的撮泡

过程。

陆羽在《茶经·六之饮》中记载："饮有粗茶、散茶、末茶、饼茶者，乃斫、乃熬、乃炀、乃舂，贮于瓶缶之中，以汤沃焉，谓之庵茶。"意思是将茶放置于瓶或者缶中，灌入沸水淹泡，这种方法被称做"庵茶"。"庵茶"为日后的泡茶法打下了基础。

▲泡茶器具

明代陈师《茶考》中记载："杭俗烹茶，用细茗置茶瓯，以沸汤点之，名曰撮泡。"撮泡法出现于明太祖朱元璋下令停止生产龙凤团茶之后，散装茶叶快速发展之时。撮泡法是将炒青的条形散茶放在茶杯中用沸水直接冲泡，跳过了宋朝点茶法中"调膏"、"击拂"的程序，操作方法简便快捷。

当时，撮泡法与壶泡法同时被人们所应用。壶泡法是直接将茶放置于茶壶中以沸水进行冲泡，泡好后分杯而饮。它比撮泡法更为便捷，所以被人们广泛应用。根据张源《茶录》、许次纾《茶疏》等记载，我们可将壶泡主要分为备器、择水、取火、候汤、投茶、冲泡、酾茶等步骤。"工夫茶"是典型的壶泡法，现今流行于闽、粤、台等广大地区。

泡茶方法

泡茶要遵循一定的程序，注意茶与水之间的配合，只有做得恰到好处才能使茶香四溢。

泡茶的一般程序

泡茶是一门艺术，要求人们全心全意去对待。不同种类的茶叶有不同的冲泡方法，即使是同一种类的茶叶，也会因特质不同而具有截然不同的冲泡方法。为了将不同茶的特点发挥到极致，冲泡时，应根据不同茶叶的特性采用相应的方法。虽然茶叶的冲泡方法多种多样，但基本工序大致相同，一般可分为以下七大步骤：

清具

先用热水对茶壶、茶杯、壶嘴、壶盖进行冲淋，然后再将茶壶、茶杯的水渍擦拭干净。这样既能确保茶具的洁净又能提高茶具的温度，使茶汤品质保持稳定。

置茶

先将茶壶按容量大小依次排开，再用茶匙取适量茶放入茶壶内。此时若有兴致，也可欣赏一下茶叶的色泽与形态。

冲泡

应秉承温润泡茶的原则。通常，人们会将第一遍泡出来的茶汤淋于杯盖上或倒掉，这时，还可闻到茶的清香。

观茶

将沸水重新注入茶壶中，七分满为最佳。但在冲泡乌龙茶时，水必须溢出壶口与壶嘴。冲泡时，茶叶随着自上而下的水流上下翻滚，并在沸腾的水中舒展开来恢复了本来面貌，之后安然沉淀壶底，此情此景别有一番风味。

敬茶

待茶充分浸泡后，主人将茶汤分置于小茶杯中，与客人一同分享。多敬茶时最好使用茶盘托杯，如用茶杯直接奉茶，应避免手指碰触杯口。人们对于上茶的姿势也有很多讲究：正面上茶时，为示敬意，应以右手握杯身，左手侧着平托；当由左侧敬茶时，应以左手端杯，右手作请用茶姿势；若由右侧敬茶时，则与左侧刚好相反。客人在接茶之时应点头示意，并对主人表达感谢之情。

品茶

经过了繁复的冲泡过程之后，最重要也是最享受的便是"品茶"了。茶应慢慢地用心去品啜。一啄品火功；二啜品滋味；三饮品韵味。首先，浅呷一口品定茶的加工工艺，是老火、足火、生青还是有日晒味。随后，让茶汤在口腔内流动，与舌根、舌面、舌侧、舌端的味蕾充分接触，看茶味是浓烈、甘爽、醇厚；还是淡薄、苦涩、生涩。最后，用心去体味茶之韵味，使其徜徉于身体各个细胞之中，品味其是否醇厚、悠长。

续水

在饮去茶壶中2/3的茶汤后便可续水，若待汤尽时再续，茶汤会变得淡而寡味。一壶茶在续过2到3次水后便不宜再饮，若还意犹未尽，可将茶渣掏尽，取茶重新冲泡。

茶与水的用量

泡茶时茶叶的用量并无统一标准，主要根据茶叶种类、茶具大小以及饮茶者的饮用习惯而定。

行家评茶，有更为严格的规定和专业的器具。他们通常用一种特制的白色加盖有柄的瓷杯，按规定置茶5克，再注入250毫克沸水加盖闷泡，5分钟后，交给专业人士进行品评。普通茶人多数凭经验泡茶，会对茶叶与沸水的用量酌情而定。茶量应适宜，并不求多，因为经过冲泡后的茶叶会膨胀，所以应谨守宁缺勿满的原则。

通常，一只普通的200毫升茶杯放入3到4克茶叶就可以了。冲泡时，先冲上1/3杯沸水，少顷，再冲至七八成满。中国人习惯上认为，"酒满敬人，茶满欺人"。用茶壶泡茶时，也可参照上述比例。

泡茶时，茶叶与水的比例与茶的类别相关。对于白毫乌龙、碧螺春一类非常蓬松的茶来说，水放七八分满便可。对于略紧结的茶，如揉成球状的乌龙茶、条形肥大的白毫银针、纤细蓬松的绿茶，水应放1/4壶。对于非常密实的茶，如剑状的龙井、针状的工夫红茶、玉露眉茶、球状的珠茶、角状的碎茶、切碎的熏花香片，水应放至1/5壶。

至于泡茶时茶叶的用量因人而异。如果饮茶人是老茶客，抑或体力劳动者，一般可以适当加大茶叶量，泡上一杯浓香的茶汤。如果饮茶人是脑力劳动者，或无嗜茶习惯的人，可以适当少放些茶叶，泡上一杯清香而醇和的茶汤。

泡茶水温的掌握

将泡茶用水烧沸后，先让其自然冷却至所需的温度，再冲泡茶叶。一般来说，泡茶水温的高低，与茶中可浸出物的浸

出速度有关。水温愈高，浸出的速度愈快，在相同的冲泡时间内，茶汤也就愈浓；反之，水温愈低，浸出速度愈慢，茶汤也相对愈淡。

古人对泡茶水温十分讲究，有"三沸"之说。一沸如蟹眼鱼目，由壶中蹿起，有"滴滴"微响，这时叫嫩汤；二沸是缘边如泉涌，且气泡连珠而出，这时叫中汤；三沸是水在壶中腾波鼓浪，这时叫老汤。水过"三沸"，则认为汤已过老，不能使用。所以古人特别强调的是泡茶烧水，要大火急沸，不要文火慢煮，以"二沸"水泡茶最宜。这些说法对于现代人来说仍有借鉴价值。

泡茶水温要根据茶叶的老嫩、松紧和大小来确定。冲泡粗老、坚实、叶大的茶叶，水温要比冲泡细嫩、松散、叶碎的茶叶要高。具体来说，凡是细嫩的名茶，特别是高档的名优绿茶，一般只能用85℃左右的水（中汤）冲泡。只有这样的水温，才能使泡出来的茶汤色泽清澈而不浑，香气纯正而不钝，滋味鲜爽而不熟，叶底明亮而不暗，饮之可口，视之悦目。如果水温过高，汤色就会变黄，茶芽因"泡熟"而不能直立，失去了观赏性；维生素也遭到破坏，茶的营养价值也会降低，同时咖啡碱、茶多酚很快被浸出，使茶汤产生苦涩味。反之，如果水温过低，则水对茶叶的渗透性较低，往往会使茶叶浮在水面上，茶中的有效成分难以浸出，结果是茶汤淡薄，同样也会降低茶叶的功效。

对于大宗红、绿茶、花茶和烘青类绿茶来说，由于茶叶原料加工要求适中，可用烧沸后不久，大约90至95℃的开水（老汤）冲泡。如果冲泡的是乌龙茶、普洱茶等，由于这类茶要待新梢开始成熟时才能采茶、制茶，所以，原料并不细嫩；加之用茶

量较多，所以要用刚沸腾的开水冲泡。特别是乌龙茶，为了保持和提高水温，要在冲泡前用滚开的水烫热茶具；冲泡后还要用滚开的水淋壶加温，才能将茶叶浸泡出味。应说明的是，泡茶的水温，虽然是指水烧开之后，再让其冷却到所需的温度，但对于经过人工处理的桶装矿泉水或纯净水来说，只需烧到泡茶所需要的水温就可以了。

附表：

温度	茶叶种类
老汤（90℃以上）	叶茶类：冻顶乌龙、水仙等。 重焙火的茶类：茶叶色泽较黑、较暗的茶。 重揉捻的茶类：佛手、铁观音等外形接近球状的茶。 陈年茶类：任何储存妥善的陈年茶，只有用高温方能使其出味。
中汤（80至90℃）	轻发酵的茶类：文山包种茶。如果茶叶焙火较重，应以高温冲泡。 芽茶类：白毫乌龙、普洱茶、高级红茶等。最好用水现烧现泡，这样可使茶味浓郁醇香。 熏花茶：香片、熏花、包种茶。此类茶在冲水后一定要加盖稍闷，利其发香。 茶叶细碎类：因细碎茶叶接触水的面积大，茶叶汁液浸出快，本应高温冲泡的茶类切碎后应改以中温冲泡。
嫩汤（80℃以下）	绿茶类：碧螺春、龙井等。为避免冲泡出的茶汤味苦，冲泡时不用加盖。可通过降低水温来控制茶味。

泡茶时间的掌握

泡茶时间必须适中，时间短了，茶汤会淡而无味，香气不足；时间长了，茶汤太浓，茶香也会因飘逸而变得淡薄。

茶叶浸泡时间的长短与茶叶的粗嫩程度、用量、水温有关，而且还要符合饮茶者的口味。

花茶

要想让茶汤中的各种浸出物比例适中，汤色、滋味适宜，第一道茶浸泡的时间应以3克茶叶浸泡5分钟的比例（铁观音与发酵稍重的茶应浸泡6分钟）为标准。

较为紧实，揉捻成珠球状的茶叶在冲泡后舒展性较大，为保其茶汤口感，应缩短第二、三道的浸泡时间。

粗老茶叶茶汁不易浸出，需长时间浸泡；细嫩茶叶的茶汁极易浸出，需缩短冲泡时间。而重萎凋轻发酵的白茶类，如白毫银针、白牡丹等，可溶物释出较慢，应延长浸泡时间。

注重香气的乌龙茶与花茶在冲泡时应注意加盖以保留其香气。乌龙茶的特点是香气浓郁，滋味醇厚，口齿留香；而花茶的特征为花姿袅娜，芳香流溢，沁人心脾。乌龙茶与花茶的冲泡时间也不宜过久，乌龙茶冲泡1分钟左右即可，花茶冲泡2分钟后便可畅饮。

泡茶次数的掌握

茶叶经过第一次冲泡时，其可溶性物质可浸出50%至55%；第二次冲泡时能浸出30%左右；第三次冲泡时能浸出约10%；第四次冲泡时，只能浸出2%至3%。可见，每次续水后，茶叶可浸出的有效成分递减。

茶叶经过反复冲泡后，茶汤的色泽会变淡，营养成分会消失，另外，茶叶中有害的微量元素往往最后才会被浸出，因此茶叶的冲泡次数不宜太多。

一般日常沏茶时，绿茶、红茶、花茶等，以冲泡3次为宜。乌龙茶可连续冲泡4到6次，以充分利用茶叶中的有效成分。但也有许多茶最好只冲泡一次，如红茶中的红碎茶，白茶中的白毫银针以及黄茶中的君山银针。红碎茶的鲜叶在加工时已被精细粉碎；白毫银针与君上银针采制时未被揉捻，直接烘焙而成，此类茶最好只冲泡一次。

袋泡茶是由红茶、绿茶、花茶或普洱茶的茶末用袋装而成的茶包。由于其冲泡方便，在生活中最为常见，也最易被人们接受。因其由茶末组成，冲泡时茶汁极易浸出，所以此类袋泡茶最好也只冲泡一次。

五 品茗艺术

品茗，即品茶，茶人可从茶中发掘自然美、工艺美、文化美

和艺术美。人们在欣赏茶叶时，也有具体的方法，可以归纳为"五品"和"三看三闻三品三回味"。

五品

"五品"是指调动人体的所有感觉器官，用心地去品味、欣赏茶。具体来说，分别指的是：注意听主人或茶艺表演者介绍的"耳品"；用眼睛观察茶的外观形状、汤色等的"目品"；用鼻子闻茶香的"鼻品"；用口舌品鉴茶汤滋味的"口品"；以及对茶的欣赏从物质高度的感性欣赏升华到文化高度的"心品"。

比如我们听到"碧螺春"这一名称就足以让人忆古思今，联想到烟波浩渺的百里洞庭，想象出康熙皇帝御笔赐名的情景。再加上对茶进行辨形、观色、闻香、品味，必定会达到神游洞庭、心驰茶乡，领悟到"洞庭无处不飞翠，碧螺春香百里醉"的意境。如此一来，五品便俱全了。

所谓辨形，是指观察茶叶在冲泡过程中所呈现出的形态变化。茶叶经沸水浸泡，风干的叶芽会在水中舒展、延伸，恢复其原有姿态。名优茶的芽叶如舞蹈艺人般粉墨登场，它随着水流浮动，最后在茶汤中呈现最动人的身姿。这一过程带给人们的感觉是如此曼妙，引人遐想。

所谓观色，是指观察不同的茶叶在充分浸泡后使茶汤呈现出的不同颜色。有的汤色偏深呈琥珀色，有的汤色偏浅呈柔光色，茶汤颜色的不同体现着茶特质的不同。

所谓闻香，是指闻茶叶在冲泡过程中，自茶汤所散发出的独特气味。不同的茶叶会散发出不同的芬芳：名优茶所散发出的香气淡雅又不失馥郁，余香缭绕不散；廉价、粗制的茶却正好相反，不但不具有清新的香气，有些甚至还混杂着异味。在饮茶的过程中用嗅觉去感悟茶品，这也是一种难得的享受。

所谓品味，是指用味蕾去感受茶之滋味。当舌尖碰触到茶汤时，舌尖的味蕾会在第一时间辨别茶的各种滋味，或浓郁、或淡雅、或清新、或浑厚。茶汤滑入口中，轻轻的合上双唇，不要急于下咽，而是让茶汤顺着舌头的翻动轻轻碰触口腔中所有的感触细胞。茶汤每流过一处舌位，所带来的感受是完全不同的：舌尖感甜、舌侧前感咸、舌侧后感酸、舌心感鲜、舌根感苦。五味俱全，使人尽情品味茶汤的曼妙无穷。

三看三闻三品三回味

鉴赏茶叶、感受茶汤的具体方法为三看三闻三品三回味。这是一套连贯的动作，如果将其分而用之，则无法全面地感知茶之滋味。

三看

所谓三看，即一看干茶、二看汤色、三看叶底。

不同种类的茶是以不同的形态呈现的，分芽茶、叶茶、珠茶以及条索茶。同时，不同茶的色泽、质地、匀齐度、紧结

度、显毫况状等均不相同。这些特征从干茶的外观上便可看出。随后，通过观察茶汤色泽的鲜亮度与透析度也可分辨茶的品质与品种。最后，茶叶经过冲泡，呈现出原有的姿态，这时要看展开后茶叶的细嫩、均齐以及完整度，还要看其有无花朵和是否存有焦斑、红筋、红梗等现象。此外，对于乌龙茶还要看有无"绿叶红镶边"的特征。

通过这三看，可先对茶叶有一个大致的了解。

三闻

三闻是指在茶的三种不同状态下闻其气味。分别是干闻、热闻与冷闻。

所谓干闻，是指闻冲泡前干茶的香型，判断其是否有陈味、霉味及其他异味。

所谓热闻，是指在冲泡时，闻茶汤升腾的热气所散发出的独特香气。这香气分为甜香、火香、清香、花香、栗香以及果香。这些香型或醇厚、或淡雅、或清新、或自然，展示出不同的风情。

所谓冷闻，是指在饮茶过后闻茶盖及杯底所留有的余香。在饮茶时被高温所掩盖的其他香气这时便徐徐透出，再次闻来，是对方才饮茶的最好回味。

三品

茶需要用心慢慢品味其过程分为：一品，品的是加工的火

候，是老火、足火、生青还是有日晒味；二品，是品其滋味，让茶在口腔中流动，以充分体会茶带给不同器官的感触，并品评出茶的不同特质；三品，是指在口腔味蕾充分感触茶味之后，品味回荡于口中的茶之韵味。

三回味

三回味是指茶人在品尝完好茶后，得到的无尽享受。一回，指舌根回味茶汤甘甜；二回，指齿颊萦绕茶汤香味；三回，指喉底感受无尽畅快。

六 各类茶的茶艺程序

茶艺讲究茶叶的品质、茶具的玩赏、水的艺术、冲泡的技艺和品茗的环境，是一种形式和精神相统一的文化。它使人们在品评、鉴赏各类名茶中达到修身养性的效果。

绿茶茶艺程序

冲泡方法： 玻璃杯泡饮法。

预备器材： 香、香炉、茶巾、玻璃茶杯、白瓷茶壶、开水壶、锡茶叶罐、脱胎漆器茶盘、茶道器，绿茶每人3克。

第一步——燃香：焚香去妄念

品茶，需持有一种平静的心态，做到不被妄念牵动情绪。"焚香去妄念"即是通过燃香来营造一个安然祥和的氛围。

第二步——净杯：冰心去浊尘

茶乃是集日月之精华、雨露之滋养而成，是空灵的净物，所以盛装它的器物必须是绝尘的。"冰心去浊尘"即是用沸水再次洗涤干净的玻璃杯，确保其冰清玉洁。

第三步——养汤：玉瓶养太和

绿茶茶叶稚嫩，属芽茶类，不可直接以沸水冲泡，否则会将嫩芽烫熟，破坏其营养成分。"玉瓶养太和"即是在冲泡之前先将沸水置于瓷壶中，待至水温降至80℃左右再进行冲泡。

第四步——置茶：宫阙迎佳丽

自古以来，人们常常将名茶比做佳人。"宫阙迎佳丽"是说用茶匙将茶置入瓶中这一过程，就好比那华美的宫阙敞开朱门，迎接那冰肌玉骨的明媚佳人一般。

第五步——润茶：琼浆润莲心

极品绿茶状若莲心，乾隆皇帝称之为"润心莲"。在冲泡之前点入少许热水，让茶叶慢慢地吸收少量水分，以起到润茶的功效。

第六步——入水：凤凰三点头

向杯中加入沸水时，分三次点入，以助茶叶随水流翻动，调匀茶汤。同时，这三起三落就像凤凰在点头，向客人表达敬意。水加至茶杯容量的七成左右即可，意在向客人表达"七分茗茶在，三分情意存"。

第七步——泡茶：情淀万丈清

茶叶慢慢舒展，最终落于杯底。"情淀万丈清"是说情意沉淀于心底，只留下澄明的清泉。

第八步——敬茶：观音奉玉瓶

传说，观音手持玉瓶，瓶中的甘露可消灾避祸。当茶泡好之后，主人应在将茶敬与客人品尝的同时，向客人送上深深的祝福。

第九步——赏茶：春风扬绿叶

茶叶在水波中慢慢地舒展开来，犹如被春风吹开的嫩绿的

新叶，给人清新的美感。

第十步——闻茶：馨香绕灵心

绿茶的茶香闻起来清新雅致，使人的内心达到一种空灵、缥缈的境界。

第十一步——感茶：雅然感超脱

用心去感受绿茶，它淡雅清新、清爽鲜美，给人一种凌驾于万物之上的超脱感觉。

第十二步——谢茶：自斟意无尽

品尝过茶的鲜美之后，可请客人自己泡茶，感受别样滋味。

祁门工夫红茶茶艺程序

冲泡方法：工夫饮法、壶饮法、清饮法。

预备器材：茶杯（以青花瓷、白瓷茶具为佳）、茶荷、茶巾、茶匙、瓷质茶壶、奉茶盘、热水壶及风炉（电炉、酒精炉都可）。

第一步——观茶：珠光乍现

置于茶荷中的红茶，如稀世的黑珍珠般，散发着高贵、温润的光泽。

第二步——煮水：轻灵浮动

泉水受热力的作用而沸腾，水汽弥漫，凝聚成珠，在壶壁上浮动。

第三步——净杯：浸温壶盏

向壶、杯中注入初沸之水，使其温热。

▲ 祁门工夫红茶泡茶器具

第四步——置茶：王子进殿

由于祁门工夫红茶被誉为"王子茶"，所以将红茶置于壶中，就好比"王子进殿"。

第五步——入水：直落千丈

已大开的沸水，由高处冲下，可使茶叶极致翻滚，冲泡出的茶汤更加浓郁芬芳。

第六步——敬茶：分杯奉客

将壶中冲泡好的茶分置到小茶盏中，邀客人一同分享。

第七步——闻茶：清香绕鼻

祁门工夫红茶是世界公认的三大高香茶之一，其香气醇厚悠长，有幽兰之香，所以在品茶之前应先闻香。

第八步——赏汤：赏叶观汤

祁门工夫红茶的汤色红艳动人，而沉于汤中的茶叶更是柔美娇嫩。

第九步——啄饮：细品爽鲜

祁门工夫红茶口感清爽、味道醇香，与红碎茶浓烈的刺激感截然不同，所以在饮祁门工夫茶时应当浅啄慢饮。

第十步——续品余韵

在品过茶的第一道茶汤之后，可续水再品，感受其不同滋味。

第十一步——三饮成趣

红茶在第一次饮过之后可续水两次，因为每次续水后其口感均有细微的变化，所以只有饮过三次之后方能对茶有全面的感悟。

第十二步——论茶谢客

饮过茶之后，可与来客讨论一下方才饮茶的感受。最后，真诚地感谢宾客的到来。

第三章

享其用

茶的魅力很大程度上来自于它的实用性。茶能饮用、药用、食用，甚至连残茶都能变废为宝。茶的这些功用给人们的生活带来了情趣，给人们的身体带来了健康，给人们的内心带来了享受。

一 茶饮强身健体

茶对人的保健作用，不断被人们发现与认定，现代科学研究也为茶具有保健功能提供了理论依据。由此看来，养成饮茶的良好习惯是健康生活的重要保证。

茶饮功效

茶，是我国的传统饮料。唐代刘贞亮把茶饮的好处归结为"十德"：以茶尝滋味，以茶养身体，以茶驱腥气，以茶防病气，以茶养生气，以茶散闷气，以茶利礼仁，以茶表敬意，以茶可雅心，以茶可行道。

明代顾元庄曾在其所著的《茶谱》中说："人饮真茶，能止渴，消食，除痰，少睡，利水道，明目，益思，除烦，去腻，人不可一日无茶。"可见我国人民很早就了解了茶饮和健康的关系。

生理功效

茶对人体的生理功效，源于茶中含有的多种化学成分，如茶多酚、咖啡碱、氨基酸、维生素、芳香物质以及矿物质等，这些成分在一定条件下都是能促进身体健康的，因此长期饮茶对人体有很多益处：

延缓衰老

茶自古就是宫廷贡品，乾隆是我国古代皇帝里寿命最长的，在他85岁传位给儿子嘉庆的仪式上，有一个老臣讲了一句"国不可一日无君"，乾隆听后哈哈大笑，答道"君不可一日无茶"。《旧唐书·宣宗纪》曾记载，唐宣宗大中三年（849），当时已经120多岁的著名得道高僧进一到京城觐见宣宗，宣宗向他请教长寿的秘诀，进一说自己从小家贫，从来不知道什么叫药，就是喜欢喝茶，不管到哪儿都要喝茶。日本著名的茶学著作《吃茶养生记》中也有："茶者，养生之仙药也，延寿之妙术也；山谷生之，其地神灵也；人伦采之，其人长命也"的记载。由此可见，茶的确能延缓人体衰老。

茶有延年益寿的功能是有科学依据的。现代科学表明，茶及其提取物，能够激活动物体内的超氧化物歧化酶（SOD），延缓脂褐素的形成，从而增强细胞功能，延缓衰老。此外，茶中的茶多酚具有较强的抗氧化性与生理活性，可清除人体内多余的自由基。相关部门研究表明，1毫克茶多酚清除自由基的功效相当于9微克的SOD。同时，茶多酚还能够阻断脂质过氧化反应，起到清除活性酶的作用。日本的奥田拓勇通过实验还证实，茶多酚的抗衰老效果要比维生素E强18倍。

降低胆固醇

由于人们在日常饮食中对于高脂肪、高胆固醇食物的摄入量越来越大，对于体育锻炼的重视却越来越少，导致了现今社会心脑血管疾病的发病率逐年增大。

如何才能降低胆固醇，维护人体的生理机能？方法便是增加维生素C的摄入量，因为维生素C可降低血液中胆固醇与中性脂肪的含量。而茶叶中含有大量的维生素C，既可以抑制人体对胆固醇的吸收，也可以沉淀血管中的胆固醇并将其排出体外。所以经常饮茶，可维持身体健康。

净化血液

健康人的血液呈弱碱性，其pH大约维持在7.2至7.4间。然而随着生活水平的提高，肉、蛋、鱼等酸性食物在人们的日常饮食中占据了主要地位。这类食品的大量摄入使血液由弱碱性转变为酸性，影响了体内新陈代谢的正常运作。若血液长期呈现酸性状态，会导致血液酸性中毒，从而引发各种身体病变。

要想减少血液中的酸性物质，必须用碱性物质（钙、钾、镁等）与其中和，将其排出体外。日本的一位教授对茶叶成分进行分析得出，一杯茶（约100毫升）中大约含有37毫克的钾。若将茶叶用火烧，其灰烬中大约含有5%至6%的蛋白质，其中钾含量高达50%，磷酸物质含量约占15%，其余还有钙、镁、铁、锰等有益物质。此外，对冲泡好的茶汤进行分析可知，在茶叶所含的矿物质中，大约有60%至70%可溶于水。综上所述，茶叶含有丰富的矿物质，人们可以从冲泡的茶叶中获取大量碱性矿物质，从而降低血液酸性，维持血液的弱碱性，促进人体内的新陈代谢与血液循环，维护人体各项机能的正常运行。

抑制和抵抗病毒菌

茶具有杀菌消炎的作用，这是因为茶叶中的茶多酚对大肠杆菌、葡萄球菌、肺炎菌的生长繁殖起到了抑制。暑热天气可用"午时茶"来治疗痧气；刚做完手术的病人饮用绿茶，伤口会加速愈合；在农村，人们习惯用茶汁来洗涤烂疮口，避免其发炎等等，这些都是利用茶的消炎收敛功效。为什么茶有收敛作用呢？因为茶多酚能把蛋白质凝固起来。细菌多是由蛋白质构成的，而茶多酚可以与细菌结合，使其凝固变性。据研究，把霍乱杆菌放在浓茶汤里浸泡6分钟以上，多数细菌就会失去活动力。在水质不良的地方，水里可能含有植物性毒素和悬浮物，茶叶中的茶多酚能凝固和沉淀这些物质，从而防止霍乱、肠胃炎、伤寒、赤白痢等传染性疾病的传播。

防癌抗癌

第二次世界大战后期，美国向日本的广岛、长崎投放了两颗原子弹，幸存下来的人有很多因为受到原子弹核辐射的侵害，相继患上癌症死去。后来的调查研究发现，这些幸存者中长期坚持喝茶的人往往存活率较高，即使患上放射病，也不严重。原来茶叶中的茶多酚及其氧化产物具有吸收放射性物质锶90和钴60的能力，由此可见，茶是一种防癌饮料。

茶中抗癌的成分主要也是茶多酚，它能明显抑制引发癌症的细胞突变。另外，茶叶能阻断亚硝基化合物的合成，研究发现，绿茶的阻断率在90%以上，其次为紧压茶、砖茶、花茶、乌龙茶和红茶。茶叶所含的茶多酚量越高，其阻断能力就越强，而如果将茶水在室温下长久放置，会使其阻断能力下降。茶叶中所富含的维生素C和维生素E，也有辅助抗癌的功效。可以说，茶叶能防癌抗癌是这些物质协同作用的结果。

提神益思

饮茶可以提神益思，几乎人人皆知。我国历代的文人墨客、高僧无不挥动生花妙笔，吟颂茶的提神之功。白居易《赠东邻王十三》诗曰："携手池边月，开襟竹下风。驱愁知酒力，破睡见茶功。"诗中明确地提到了茶叶的提神破睡之功。苏东坡也曾作诗："建茶三十片，不审味如何。奉赠包居士，僧房战睡魔。"诗中提到苏东坡把建茶送给了包居士饮用，免得他在参禅时打瞌睡，这也是间接称赞了茶的提神功效。另外，茶还可益思，所以深受作家、诗人及其他脑力劳动者们的喜爱。如法国的大文豪巴尔扎克、美籍华人女作家韩素音和我国著名作家姚雪垠等都酷爱饮茶，以助文思。

其实，这是因为茶叶中的咖啡碱能促使人体的中枢神经兴奋，增强大脑皮层的兴奋过程，从而起到提神益思的效果。而且，茶叶中的咖啡碱还可以刺激肾脏，提高其滤出率，促使尿液迅速排出体外，减少体内有害物质的滞留时间，迅速消除人体疲劳。

美容瘦身

脂肪是所有爱美女性的公敌，她们在高喊减肥口号的同时却又难以抵挡美食的诱惑，所以往往一面咀嚼着口中的美食，一面含糊不清地强调着从明天开始节食。当然也有一些自制力较强者实行了节食政策，然而久而久之，身体的抵抗力越来越差，人也越发地没有精神。此时，她们开始进行抽脂、按摩、排毒、药物减肥、有氧运动等。其实，根本没必要如此大动干戈，只需培养一个简单的习惯便可既轻松又健康地减去脂肪。

肥胖的产生其实是由于人们从食物中摄取的热量过多，无法全部被消耗，便转化为脂肪而囤积了起来。所以只要将过剩的

热量消耗掉，去除囤积的脂肪，便可摆脱肥胖的困扰，恢复均匀的体型。

在维持正常饮食的情况下，只要常喝茶，并养成习惯，便可轻松减肥。因为茶中含有丰富的维生素与高碱性矿物质，具有强效分解与消化脂肪的功能，可有效地去除脂肪，达到瘦身的效果。茶多酚是水溶性物质，用它洁面可清除面部多余油脂，收敛毛孔，还具有消毒、灭菌、抗皮肤老化的功效。另外，茶中所蕴含的丰富的维生素C可美白肌肤，减少阳光照射对皮肤的伤害。所以茶是所有爱美女性美肌瘦身的必备良品。

消除口臭

口臭是日常生活中的一件尴尬事。当您口若悬河、滔滔不绝地和亲朋好友高谈阔论时，当您柔情似水、眉目含情地和亲密爱人呢喃细语时，可恨的口臭会使效果大打折扣。其实，消除口臭的方法很简单，咀嚼一小撮茶叶就可以了。为什么茶叶能够消除口臭呢？因为引起口臭的主要原因之一是人体缺少维生素C，而茶叶中含有大量的维生素C，尤其是细嫩优质的绿茶，每100克就含有至少200毫克的维生素C。一天饮用三杯优质绿茶，基本上就可以满足人体对维生素C的需求，如此一来，由缺乏维生素C而引起的口臭自然也就消失了。另外，茶叶中所含的芳香物质有消除腥膻、溶解脂肪的功能，可有效抑制细菌对口腔的腐蚀。所以人们可经常把茶叶与低糖的口香糖一起放在口中咀嚼，这样既能尽快地消除口臭，还有助于口腔健康。

护齿明目

茶叶还具有保护牙齿的功效。茶叶中

含有丰富的氟，氟可以有效抑制人体中钙质的流失，起到预防龋齿、护龈固齿的功效。每100克干茶中含有10至15毫克水溶性为80%的氟。所以如果每人每天饮茶叶10克的话，那么他便可吸收1至1.5毫克水溶性的氟。

饮茶还能起到预防眼疾的作用。这是由于茶叶中丰富的维生素C能降低眼睛晶体的浑浊度。据有关医疗单位调查，在白内障患者当中，有饮茶习惯的患者占28.6%，无饮茶习惯的患者占71.4%。所以适当的饮茶可预防眼疾。

心理功效

茶除了有益于人的身体健康外，还有益于人的心理健康。英国伦敦大学的科学家们在一项研究中发现，长期饮茶的人更容易为自己的心理"减压"。

为了证明饮茶可减轻心理压力，科研人员对75名经常饮茶的年轻男子进行了长达六个星期的试验。科研人员让试验者们饮用一种色、香、味近似于茶的饮品，并将这75名男子分为两组，其中一组人员的饮品中含有茶所包含的所有成分，而另一组人员所喝的饮料只是味道与茶一致。在试验期间，参与者只饮用所配给的饮料，而不额外饮用其他茶品。在整个试验过程中，科研人员让这75人分别经历失业威胁、意外破产、被指控偷窃等一系列令他们承受极大心理压力的情况。在这一过程中，研究人员检查并记录下参与者体内的皮质醇含量（皮质醇是一种"压力激素"）。科研人员通过记录的数据发现，那些喝茶者体内的皮质醇含量在压力出现后50分钟内平均下降了47%，而那些只喝普通果饮者体内的皮质醇含量只下降了27%。实验证明，茶可大幅降低人体内的"压力激素"，使人减轻压力，放松心情。

唐代诗人卢仝对饮茶有极高的评价，他在《走笔谢孟谏议寄新茶》中写道："一碗喉吻润，二碗破孤闷，三碗搜枯肠，唯有文字五千卷。四碗发轻汗，平生不平事，尽向毛孔散。五碗肌骨清，六碗通仙灵。七碗吃不得也，唯觉两腋习习清风生。"茶对诗人来说，不只是一种口腹之饮，更是一片广阔的精神世界。这种破孤闷、肌骨清、通仙灵的绝妙感觉使人大彻大悟、超凡脱俗。

人作为万物的灵长，在驾驭自然的同时，对回归自然也有着深深的渴求与向往。而茶这一汲取天地之精华的产物，正是人感受自然的绝佳媒介。对茶的观、闻、品、饮都是在感知自然的真谛，惊叹自然的神奇。茶人常道"品茶者，独品得神"。用恭敬、虔诚的心态去感受茶道，在得到茶之韵的同时，亦能领会神之韵的曼妙无穷。

人每天都在与他人交往，但真挚的友情却是千金难求。方毅曾写对联道："美酒千杯难成知己，清茶一盏也能醉人。"中国的茶道不光讲究"独品其神"，还注重两人对饮"得趣"，众人聚品"得慧"。看似平淡、寡言的饮茶过程，却可凝结最真挚、浓厚的情感。茶是人与人之间沟通的纽带，是人们交流内心情感的桥梁，通过茶，人们可以找到一生难得的知己。

此外，生活节奏越来越快的今天，人们无论身处何种社会地位，从事何种职业，都要面对来自不同方面的压力，很多人常常感觉被

生活、工作压得喘不过气来。若能在空闲时间静下心来，烧一壶水，泡一壶茶慢慢品尝，便可感受全身心的放松与释然。在得到心灵的洗涤与心境的释放后再来面对生活，你会发现，压力即动力、困难即考验，原来生活可以这般美好。茶帮助人们保持一颗乐观的心去面对生活，使人们体验人生的精彩。

茶饮四季

我国大部分地区是季风气候，春温、夏热、秋凉、冬寒，四季极为分明。不同的季节特点影响着人的各项身体机能，想让自己和健康形影不离，就要研究一下四季的茶饮。

春饮花茶解困

人常言："一年之计在于春。"春天万物复苏，阳气生发，处处充满生机，但人们却常常感到困乏无力，这就是所谓的春困现象。在春天喝花茶，能有效缓解春困。花茶甘凉兼有芳香辛散之气，有利于散发积聚在人体内的冬季寒邪、促进体内阳气生发，令人精神振奋，可使春困自消。

花茶集茶味之美、鲜花

之香于一身，可谓茶中珍品。它是利用鲜花的吐香特性和烘青毛茶及其他茶类毛茶的吸味特性，将鲜花与茶叶拌和窨制而成。花茶茶汤饮来醇香甘甜、芬芳迷人。春饮花茶可选名品，用透明的玻璃盖杯，取3克花茶放入杯中，待初沸之水凉至90℃左右时再进行冲泡。注入水后应立即盖上杯盖，防止香气散失。待二三分钟后即可饮用，茶汤入口顿觉口感清爽，使人仿佛置身于仙境之中，流连忘返。

茉莉花茶

茉莉花茶，又叫茉莉香片，有着"在中国的花茶里，可闻春天的气味"之美誉。花茶是再加工类茶，而茉莉花茶是众多花茶品种中的名品。

茉莉花茶主要产自福建省福州市及闽东北地区。福建茉莉花茶选用优质的烘青绿茶，并以茉莉花窨制而成。较好的茉莉花茶具有如下特点：干茶外形条索紧细匀整，色泽油润，冲泡后香气鲜灵持久，汤色黄绿明亮，叶底嫩匀柔软，滋味醇厚鲜爽。茉莉大白毫是福建茉莉花茶中的极品，它以多茸毛的茶树品种为原料，成品茶有白毛覆盖，芽壮毫挺，色泽嫩黄，香气浓郁，口感纯正，是难得的品饮佳品。

选购茉莉花茶时，要先看其外观。一般特级、一级茶所用原料嫩度较好，条形细紧，芽毫稍显露；二级、三级茶所用原料嫩度稍差，基本无芽毫；四级、五级茶属于低档茶，原料嫩度较差，条形松、大，常带茎梗。

桂花茶

桂花，木樨科植物，常绿灌木，在每年的九十月份开花。花呈金黄的叫金桂，带香蕉黄的叫银桂，另外还有槠桂花和月季桂等。桂花含水挥发性芳油，香气宜人。在我国，适合制作花茶的

桂花主要有金桂、丹桂、银桂、四季桂。将鲜桂花采摘下来后，一般通过糖渍或盐渍保存，如果将鲜桂花直接晒干或烘干就会损失很多香精油，使桂花变成几乎没有香气的花渣。被渍过的桂花与不同的茶叶搭配成为桂花茶。

桂花茶以广西桂林、湖北咸宁、四川成都、重庆等地产制最盛。广西桂林的桂花烘青、福建安溪的桂花乌龙、四川北碚的桂花红茶均以桂花的馥郁芬芳衬托着茶的醇厚滋味而别具一格，成为茶中珍品，深受国内外消费者的青睐。近年来桂花烘青还远销日本、东南亚，卖价超过质量上等的乌龙茶。尤其是桂花乌龙和桂花红茶的研制成功，为乌龙、红碎茶增添了出口外销的新品种。

玫瑰花茶

世界上的花卉大多有色无香，或有香无色。唯有玫瑰，既美丽又芳香，除富有观赏的价值外，还是窨茶和提取芳香油的好原料。玫瑰，落叶灌木，茎密生锐刺，羽状复叶，小叶5至9片，椭圆形成倒卵圆形，上面有皱纹，夏季开花，花单生，呈紫红色、粉红色、黄色、白色等，有浓郁芳香。

玫瑰花茶是用鲜玫瑰花和茶叶的芽尖按比例混合，利用科技工艺窨制而成的高档茶。其香气具浓、轻之别，和而不猛，明代钱椿年编、顾元庆校的《茶谱》中就有详细记载。玫瑰花茶除具有性质温和、花形唯美、颜色粉嫩、香气优雅迷人、入口甘柔不腻等特点，还具有降火气、调理血气、促进血液循环、养颜美容、消除疲劳、愈合伤口、保护肝脏胃肠等功效，长期饮用有助于促进新陈代谢。

人们通常饮用的都是粉红玫瑰花茶和紫玫瑰花茶。泡制玫瑰花茶时，可以根据个人的口味，调入冰糖或蜂蜜，以减少玫瑰

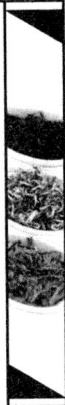

花的涩味，加强功效。需要注意的是，玫瑰花活血散淤的作用比较强，所以月经量过多的女性在经期内最好不要饮用。

薰衣草茶

薰衣草是一种馥郁的紫蓝色小花，被称为"宁静的香水植物"。原产于地中海地区，性喜干燥，花枝如小麦穗，有着细长的茎干，覆盖着星形细毛，末梢开着小小的紫蓝色花朵，窄长的叶片呈灰绿色，成株时高可达80厘米。每年六月花开风起时，一整片的薰衣草宛如深紫色的波浪层层叠叠地上下起伏，甚是美丽。法国的普罗旺斯与日本北海道的富良野都是因盛产薰衣草而著名，成为许多浪漫电影的拍摄地。

薰衣草可以饮用，也可以在沐浴时使用，还可放置在衣橱内代替樟脑丸。冲泡时，先取一大匙干燥的薰衣草茶放进壶中，再倒入沸水，焖5分钟即可享用，即使不加蜂蜜和砂糖也会甘香可口。茶的浓香使人愉悦，而且不带副作用，薰衣草茶还具有缓解情绪、解除焦虑、帮助入眠、促进食欲、养颜美肤、松弛消化道痉挛、消除肠胃胀气、预防恶心晕眩、预防感冒等众多功效，沙哑失声时饮用此茶也有助于恢复。

饮用薰衣草茶，需注意的是，薰衣草体积较小，若不想喝得满口茶渣，就一定要使用冲茶器。如此一来，淡淡的紫色能让您的身心都得到舒缓和放松。

夏饮绿茶消暑

夏日骄阳似火，多火多湿，古代人将整个夏季分为盛夏和长夏。盛夏是指暑热时节，即为火的季节，通应于心，人体阳气最盛；长夏是指夏秋之交，暑热肆虐、气候潮湿的时节，这是湿的

季节，通应于脾。"暑"、"湿"是夏季气候的主要特点。人在夏季挥汗如雨，体力消耗非常多，容易精神不振，这时以饮绿茶为好。因为绿茶属未发酵茶，性寒，"寒可清热"，最能去火，生津止渴，消食化痰，对口腔溃疡和轻度胃溃疡有加速愈合的作用。而且它营养成分含量较高，还具有降血脂、防血管硬化等药用价值。这种茶冲泡后水色清冽、香气清幽、滋味鲜爽，夏日常饮，可以清热解暑、强身益体。绿茶中珍品极多，它们无一例外都具有清热、化湿、清心补脾之功效。

西湖龙井

西湖龙井茶素有"天堂瑰宝"之称，以其优良的品质闻名于世，是绿茶中最具特色的品种之一。西湖龙井茶因产于杭州西湖附近的"龙井村"而得名。历史上，龙井茶分为"狮、龙、云、虎、梅"五种字号，其产地分别位于杭州市西湖区的狮峰山、龙井村、五云山、虎跑村和梅家坞，其中产于狮峰山的"狮"字号茶叶品质最佳。

龙井茶形如雀舌，有"色绿、香郁、味甘、形美"的特点。此外，龙井茶中含有丰富的维生素C、叶绿素、儿茶素与氨基酸，口感醇正，营养丰富。饮用龙井茶可以清肺生津、提神健脑、利尿排毒、去烦除腻、杀菌消炎。好水配好茶，龙井茶与虎跑泉并称杭州"双绝"，以虎跑泉水冲泡出的龙井茶味更醇、香更浓，堪称极品。

龙井茶始产于宋代，明代益盛。在清明前采制的叫"明前茶"，谷雨前采制的叫"雨前茶"，素有"雨前是上品，明前是珍品"的说法。龙井茶在泡饮时，芽芽直立，汤色清冽，幽香四溢，尤以一芽一叶（俗称"一旗一枪"）者为极品。

先时，龙井茶按产期先后及芽叶嫩老，分为八级，即"莲心、雀舌、极品、明前、雨前、头春、二春、长大"。今分为十一级，即特级与一至十级。龙井茶在采摘上也有严格要求，必须采摘一芽一叶和一芽二叶初展的芽叶。龙井茶炒制手法复杂，有抖、搭、煽、捺、甩、抓、推、扣、压、磨等工艺，号称"十大手法"。操作时富于变化，令人叫绝。

洞庭碧螺春

单凭"碧螺春"这韵味十足的三个字，便叫人有一种柔美、雅致的感觉。洞庭碧螺春产自江苏太湖之滨的洞庭山，属细嫩炒青绿茶。碧螺春以形美、色艳、香浓、味醇"四绝"闻名于世。太湖碧水，烟波浩渺。太湖周边得天独厚的气候条件，使洞庭山上茶果兼种。茶树与桃、李、橘、梅等果木枝叶相蔽，花、果、茶叶三者相得益彰，孕育出碧螺春独特的品质。可谓"入山无处不飞翠，碧螺春香百里醉"。

碧螺春以初展嫩芽为原料。首先对采摘来的原料精挑去杂，再进行杀青、揉捻、搓团、炒干，工艺十分精细。其中，炒制茶叶要做到"手不离茶，茶不离锅，炒中带揉，连续操作，茸毛不落，卷曲成螺"。

碧螺春茶条索紧结，卷曲如螺，白毫毕露，银绿隐翠，叶芽幼嫩，冲泡后茶叶徐徐舒展，上下翻飞，茶水银澄碧绿，清香袭人，口味凉甜，鲜爽生津。

关于碧螺春，民间有这样一个凄美动人的传说：

很久以前，西洞庭山上住着一位美丽善良的姑娘，名叫碧螺。她十分喜爱唱歌，她的歌声如黄莺出谷般轻灵脱俗。碧螺经常对着美丽的山水放歌，歌声顺着流水飘入一个名叫阿祥的小伙子的耳中。阿祥住在与西洞庭山隔水相望的东洞庭山上，他为人正直，勤劳勇敢，以打鱼为生。阿祥在湖中撑船打鱼，碧螺在湖边织网唱歌。两人虽不曾花前月下，却也在心底互相爱慕。

一年初春，湖中出现一条恶龙，它凶恶残暴、兴风作浪，搅得太湖百姓不得安宁。恶龙贪图碧螺的美貌与歌声，要霸占碧螺为妻。阿祥为了保护心中的爱人与太湖的百姓，发誓与恶龙决一死战。他与恶龙苦斗了七天七夜，终于用渔叉刺穿了恶龙的咽喉，而此时的阿祥也身负重伤，倒在血泊之中。

乡亲们将阿祥抬回家中疗伤，碧螺日夜守在阿祥的身边照顾他。然而由于阿祥的伤势过重，病情逐渐恶化。碧螺踏遍洞庭，到处寻找草药。一日，碧螺发现一棵小茶树，虽值春寒时节，它却长出了许多芽苞，展现了顽强的生命力。碧螺十分爱惜这棵小茶树，每天都来为其浇水施肥。清明前后，芽苞初放，碧螺采下许多嫩芽带回家中，以开水冲泡送至阿祥唇边。一股清爽的香气沁人心脾，阿祥顿觉精神一振，将茶一口气喝了下去。喝过茶的阿祥居然恢复了一些活力，这让碧螺喜出望外。她将剩余的芽叶用一张薄纸裹着放在自己胸前，让体内的热气将茶叶焐干，然后拿在手中轻轻搓揉。她每天取一点这种茶叶泡给阿祥喝，阿祥在喝过这些茶水后，身体居然康复了起来。

阿祥在一天天地恢复健康，碧螺却在一天天地憔悴。她不眠不休地照顾阿祥，最终将自己的身体累垮了。阿祥痊愈了，而碧螺却面带微笑离开了人世。为了纪念这个美丽善良的好姑娘，人们将这种茶叶取名为"碧螺春"。

黄山毛峰

黄山毛峰是绿茶佳品之一，产于安徽黄山风景区和与之毗邻的汤口、冈村、杨村、芳村、长潭、充川、千金台一带，其中汤口、冈村、杨村、芳村四个产区在历史上被称为黄山"四大名家"。长期以来，人们一直认为"名山产名茶"。黄山处于亚热带季风气候区，由于山高谷深，气候呈垂直变化。同时由于北坡和南坡受太阳的辐射差大，局部地形对其气候起主导作用，形成云雾多、湿度大、降水多的气候特点。正是因为这些特点，造就了黄山毛峰的独特品质。如今黄山毛峰的生产地已扩展到黄山山峰南北麓的黄山市徽州区、黄山区、黟县、歙县等地。

该茶外形微卷，状似雀舌，绿中泛黄，银毫显露，且带有金黄色鱼叶（俗称黄金片），由于新制的茶叶白毫披身，芽尖峰芒，且鲜叶采自黄山高峰，故名毛峰。将黄山毛峰入杯冲泡后雾气结顶，汤色清碧微黄，叶底黄绿而有活力，饮后滋味醇甘，香气如兰，韵味深长。

黄山毛峰分特级、一级、二级和三级。特级茶在谷雨前的清晨采制，以一芽一叶初展为标准，当地称作"麻雀嘴稍开"。鲜叶采回后即摊开，并进行拣剔，去除老、茎、杂。以晴天采制的茶叶品质为佳，并要于当天杀青、烘焙，将鲜叶制成毛茶（现采现制），然后妥善保存。在出售前，仍要经拣剔去杂质，再行复火，达到茶香透发，而后趁热密封包装，才能销售。

庐山云雾

庐山云雾茶，古称"闻林茶"，从明代起始称"庐山云雾"。此茶产于江西庐山，由云雾缭绕的庐山而得名。庐山为海拔一千多米的中等山地，东有鄱阳湖环围，北有长江环绕。这里山涧峡谷交错，泉涌瀑飞，林中终日云烟环绕，年均雾日多达

190天。如此独特的生长环境，造就了庐山云雾叶肥芽壮，白毫显露，色泽葱翠，吐香如兰，滋味醇厚，清鲜爽口的独特品质。其茶叶耐冲泡，汤色鲜明，饮后唇齿留香。庐山云雾属于高山茶，所含蛋白质、氨基酸、维生素、咖啡碱、多酚类和芳香油等物质都比一般茶叶丰富，不仅品质好，而且药用价值显著，具有宁思安神、消食解泻、杀菌排毒、防止肠胃感染、增加抗坏血病等功效。如此味美又保健的佳品在国际茶叶市场上，早已是供不应求。

六安瓜片

六安瓜片是我国著名绿茶之一。因其外形呈片状、似瓜子而得名。六安瓜片产于皖西大别山茶区的安徽省六安市金寨县和霍山县。因为主要产自金寨县齐云山，所以六安瓜片又被称为"齐云瓜片"，而且，齐云山所产的瓜片，是同类茶品中的佼佼者。

除却齐云山得天独厚的生长环境，六安茶的优良品质也得益于考究的采制加工过程。瓜片的采摘时间较其他高级茶迟半月左右，于谷雨至立夏之间进行。六安茶的采制方法十分独特：首先，鲜叶必须长到"开面"之时才能采摘；其次，鲜叶要经过"扳片"，去除茶梗与芽头，并掰开嫩片与老片；再次，将嫩片与老片分别杀青；最后，分三次进行烘焙，火温由低至高，特别是最后要拉老火，直至叶片白霜显露，色泽翠绿均匀，然后趁热将其密封储存。这最后的过程实为茶叶烘焙技术中别具一格的"火功"。

极品六安瓜片白毫披复，形似瓜子，平展匀整，色泽翠绿起霜，汤青绿而明澈，滋味醇而鲜爽，回味甘甜，香气浓馥，沁人心脾，有消暑、清心、悦目、消除疲劳等功效。清明前挑选嫩叶制成的茶叶称为"提片"，品质最佳；谷雨前采制的茶叶称为瓜片，品质次之；梅雨季节采制的茶叶称为"梅片"，品质再次。

信阳毛尖

信仰毛尖是我国绿茶名品之一，因其外形条索紧直细圆，茸毛明显，峰尖显露，故名。信阳毛尖产于河南省南部大别山区的信阳市，这里地势高险、雾气弥漫，使得茶叶香气浓郁，口感醇正。

信阳毛尖按季节分为三个品种，俗语"春茶苦，夏茶涩，秋茶好喝舍不得摘"说的就是信阳毛尖。此茶采摘期分三季：谷雨前后采春茶，芒种前后采夏茶，立秋前后采秋茶。春茶谷雨前后采摘最好。春茶碧绿，先苦后甜；夏茶味涩，颜色发黑；秋茶产量极少，特别珍贵，所以是"秋茶好喝舍不得摘"。春茶和秋茶都是茶中上品。

信阳毛尖炒制工艺独特，炒制分"生锅"、"熟锅"、"烘焙"三个工序，用双锅变温法进行。信阳毛尖初制后，经人工挑出成条不紧的粗老叶片、黄叶、碎末及茶梗。经过挑选后的茶叶便是"精制毛尖"，可拿到市场上销售。挑出来的青绿色成条不紧的片状茶，叫"茴青"，属五级茶。春天采制的茴青又名"梅片"。那些挑出来的大黄片与碎片不能列入茶级。

太平猴魁

"刀枪云集，龙飞凤舞"的太平猴魁产自安徽省黄山北麓的黄山区。黄山区常年被云雾笼罩，气候湿润、气温较低，同时黄山区土质肥沃，孕育出的太平猴魁色、香、味、形都别具一格。太平猴魁的每朵茶都是两叶环抱一芽，俗称"两道一枪"。其叶片平扁挺直，不曲、不翘、不散，素有"猴魁两头尖，不散不翘不卷边"之称。太平猴魁的叶片色泽匀润呈苍绿色，叶脉隐隐

泛红，被称为"红丝线"。芽叶周身披白毫，含而不露，放入茶杯冲泡时，绽放成朵，或是悬浮于茶汤中，或是沉至底部。绽放的芽叶好似小猴子在逗弄、嬉戏般，欣赏起来，别有一番风味。太平猴魁香气浓郁醇厚，品饮茶汤，可充分体会到"头泡香高，二泡味浓，三泡四泡幽香犹存"的意境，别有一番"猴韵"在其中。

民间关于猴魁茶有着这样一段传说：

在风景秀美的黄山上，居住着白毛猴一家三口。老猴子夫妇非常疼爱小猴子，经常带着小白猴在黄山的各个山峰觅食嬉戏。小白猴长大后，独自外出玩要。一日，它到了黄山北边的太平县境内时，被这里旖旎的风光所吸引，贪玩不归，最后竟迷失了方向，再没有回到黄山。

小白猴的走失急坏了老毛猴。它们一个下山来寻找小猴，一个留在黄山守候。老毛猴跑遍了整个太平县都没有找到小白猴。由于寻子心切，劳累过度，老猴病死在太平县东北方向的一个山坑里。这山坑里，住着一个叫王老二的老汉，为人善良淳厚，以采野茶和药材为生。一天，老汉上山采茶，发现了死在山坑的白毛猴。善良的老汉把毛猴移到山冈上并埋葬了它，还挖来了野茶树与山花栽在墓的四旁。

第二年春天，老汉来到这个山冈上采茶时，发现山冈居然变了个模样：墓地旁及整个山冈都长满了绿油油的茶树，棵棵枝壮叶茂。原来老汉去年埋葬的毛猴是一只神猴，神猴为了报答善良的老汉，赐给他这些茂盛的茶树。从此，老汉就再也不用翻山越岭地采野茶了。

老汉为了纪念神猴、感谢神猴赐茶，就把神猴墓地所在的山冈叫做猴岗，把自己住的山坑叫做猴坑，把从猴岗上采制的茶叫

做猴魁茶。

金奖惠明

金奖惠明，又称云和惠明、景宁惠明，简称惠明茶。此茶于唐代开始生产，因交通闭塞，知者甚鲜；清咸丰年间，始渐有名气；1915年获国际金奖，遂在全国扬名；民国后期，茶园荒芜，制作技艺失传；后于1979年恢复生产，多次被评为全国名茶。

惠明茶产于景宁赤木山惠明寺的周边，由浙江畲族人创制。惠明茶有着悠久的历史与动人的传说。

相传，在唐大中年间，有一个名叫雷太祖的畲族老翁带着四个儿子逃荒。在从广东逃往江西的途中，老翁遇到了一个和尚，两人聊得十分投机，结伴同行至浙江才分开。雷太祖在景宁的一个名为大赤坑的荒凉深山坞里搭起了茅棚，父子五人垦荒种地，艰难度日。后来，当地豪强霸占了父子五人辛辛苦苦开垦的土地，并把他们赶下了山，于是雷太祖父子再次过上了流浪的生活。他们碰巧在景宁鹤溪又遇见了那个和尚，并对和尚讲述了自己的遭遇。和尚非常同情他们的遭遇，把他们带到了自己的寺院里。这个和尚是赤木山惠明寺的开山始祖，他让父子五人在惠明寺周围辟地种茶。雷氏父子为感谢和尚的帮助，便把栽种出来的茶称为惠明茶。

秋饮青茶除燥

秋天，金风瑟瑟，百花凋谢，树木零落。干燥的气候常常使人口干舌燥，嘴唇干裂，中医把这称为"秋燥"，这种时节最适宜饮用青茶。青茶，即乌龙茶，属半发酵茶，色泽青褐，冲泡后可看到叶片中间呈青色，叶缘呈红色，素有"青叶镶红边"的美称。乌龙茶，不寒不热，温热适中，有润肤、润喉、生津、清除体内积热，让机体适应自然环境变化的作用。常见的乌龙茶名品有福建乌龙、广东乌龙、台湾乌龙，其中以闽北武夷岩茶、闽南安溪铁观音最为著名。乌龙茶的种类多是以茶树品种来划分的，有铁观音、奇兰、梅占、水仙、桃仁、毛蟹等。

乌龙茶适于浓饮，注重品味闻香。冲泡乌龙茶需100℃沸水，泡后片刻将茶壶里的茶水倒入茶杯里，品时香气浓郁，齿颊留香。在金风送爽，气温适宜的秋季应常饮具有清热润燥、养阴润肺、益气生津等养生功效的名品乌龙茶。

武夷岩茶

武夷岩茶是乌龙茶的一种，它产自福建省崇安县的武夷山。武夷山位于福建省武夷山脉北段东南麓，素有"奇秀甲东南"的美称。武夷不光山奇水奇，所产之茶更是奇。武夷岩茶生于岩壁之上，可谓"岩岩有茶，非岩不茶"。

武夷岩茶历史悠久，据史料记载，唐代就被作为馈赠佳品，宋、元时期又被列为"贡品"。元代还在武夷山设立了"焙局"、"御茶园"。清康熙年间，武夷岩茶开始远销西欧、北美和南洋诸国。当时，欧洲人曾把它作为中国茶叶的总称。

武夷岩茶中最为著名的有大红袍、铁罗汉、白鸡冠、水金龟四大名丛（选一、二株品质特优的茶树单株采制的，称"名丛"）。

在四大名丛中，大红袍的声誉最高，为四大名丛之魁首。大红袍生长在武夷山九龙窠高岩峭壁上，都是灌木茶丛，叶质较厚，芽头微微泛红，阳光照射茶树和岩石时，岩光反射，红灿灿的一片十分醒目。关于大红袍茶的由来，有这样一个传说。清朝时候，有一文人赴京赶考，行到九龙窠天心永乐禅寺，突发腹

胀，腹痛不已。后蒙天心寺僧赠送大红袍茶，饮后顿觉病体痊愈，得以按时赶考，高中状元。感念此茶治病救命之恩，金科状元亲临茶崖，焚香礼拜，并将身上披的红袍脱下盖在茶树上，大红袍因而得名。大红袍最鲜明的特点就是，冲泡至第九次时，其特有的桂花香气尚存，这和同处武夷山的铁罗汉有所区别。

铁罗汉以其刚烈浓郁的口感，成为乌龙茶中极具特色的品种之一，在东南亚等地十分受欢迎。在民间也有一个关于铁罗汉由来的传说。

在武夷山慧苑寺里住着一个名叫积慧的僧人，他皮肤黝黑、身形健硕，极像一尊罗汉，乡亲们都称他"铁罗汉"。积慧擅长采制铁罗汉叶。经他采制的铁罗汉叶香气浓郁、滋味醇厚，含于口中，目明神清，极受寺庙周围百姓的喜爱。一日，他在蜂窠坑的岩壁隙间发现一颗茂盛的茶树。那树干枝粗壮，枝叶茂密。其芽叶身披茸毛，柔软如绵，散发着醉人的香气。积慧将嫩叶摘下，带回寺中制成岩茶，并邀请乡亲们一同品尝。乡亲们觉得此茶香气浓郁、口感独特，便问积慧此茶叫什么名字。积慧并不知道它叫什么，只好将他发现那棵茶树的经过说了一遍。于是大家便将这茶命名为"铁罗汉"。

铁罗汉的冲泡也别具一格。"杯小如胡桃，壶小如橼，每斟无一两，上口不忍遂咽，先嗅其香，再试其味，徐徐咀嚼而体贴之。果然清香扑鼻，舌有余甘"，和白鸡冠一样可冲饮至少七次。

与大红袍、铁罗汉一样位列武夷山四大名丛的白鸡冠因产量稀少，所以一直被蒙着一层"养在深闺人未识"的神秘面纱。相传白鸡冠是由宋代著名道教大师白玉蟾发现并培育的。白玉蟾大师是武夷山止止庵道观的住持，所以白鸡冠的原产地为武

夷山大王峰下止止庵道观的白蛇洞。白鸡冠的茶树虽不高大，但枝繁叶茂，生长旺盛。其芽叶奇特，色泽淡绿，绿中带白。芽儿弯弯又附着茸毛，那姿态就像白锦鸡头上的鸡冠，故名白鸡冠。其干茶外形条索紧实，色泽一部分呈黄绿色，一部分呈砂绿，并隐有红点，香气浓郁，回未无穷。白鸡冠入口齿颊留香，可使人神清目朗，被作为止止庵道士养生修道的辅助茶饮。相对于武夷山天心寺发源的"佛茶"——大红袍来说，白鸡冠可算是武夷山唯一的"道茶"。武夷山在道家眼里是三十六洞天的第十六洞天，白鸡冠以其独特的调气养生功效稳坐第十六洞天"道茶"之尊的宝座，并成为武夷山四大名丛之一。

武夷岩茶四大名丛中还有一株叫水金龟。它产自武夷山区牛栏坑杜葛寨峰下的半崖上，因其茶叶厚实浓密，油光发亮，宛如金色之龟而得名。水金龟的树皮呈灰白色，枝条弯曲，其叶翠绿油润，极富光泽。水金龟于每年5月采摘，主要以二叶、三叶为主。水金龟口感醇正，香气宜人，并隐有甘爽的酸梅汤滋味，即便是浓饮，亦不觉苦，极具"岩韵"。岩茶的"岩骨花香"以它的内涵最为独特。水金龟的香气与其他岩茶的兰花香不同，它散发着淡淡的腊梅香气。腊梅花香闻来并不浓郁，但却淡雅。那香气自鼻尖浸入心肺，给人一种清凉舒爽的感觉，使人感受到春的轻灵与曼妙。

安溪铁观音

铁观音可谓茶中精品，属于乌龙茶类，产自福建省东南部的安溪县。安溪地处戴云山脉东南坡，其地表自西北向东南倾斜。该地群山环绕，峰峦叠嶂，溪流蜿蜒，气候温和，降水充沛，素有"茶树良种宝库"之称。得天独厚的生长环境，精湛的制茶技术，使得安溪盛产的乌龙茶驰名中外，而铁观音更是乌龙茶中的

极品。

在安溪，关于铁观音的由来，流传着这样一个故事。相传，清乾隆年间，安溪西坪上尧茶农魏饮制得一手好茶。他每日晨昏泡茶三杯供奉观音菩萨，十年间从不间断，可见其礼佛之诚。一夜，魏饮梦见山崖上有一株透着兰花香味的茶树，正想采摘时，一阵狗吠把好梦惊醒。第二天魏饮居然在崖石上找到了一株与梦中一模一样的茶树，于是采下一些芽叶，带回家中，精心制作。制成之茶，味甘醇鲜爽，闻之精神振奋。魏饮认为这是观音所赐的茶之王，就把这株茶树挖回家进行栽培。几年之后，茶树枝叶茂盛，每每采摘，必得精品香茗。因为此茶美如观音重如铁，又是观音托梦所获，所以就把它称做"铁观音"。

台湾乌龙茶

台湾乌龙茶源于福建，是台湾将福建乌龙茶的制茶工艺加以改变的结果，依据发酵程度和工艺流程的区别又可分为：轻发酵的文山型包种茶和冻顶型包种茶；重发酵的台湾乌龙茶。发酵程度最重的台湾乌龙茶也是最近似红茶的一种。

优质台湾乌龙茶芽肥绚丽，汤色呈琥珀般的橙红色，叶底淡褐有红边，叶基部呈淡绿色，叶片完整，芽叶连枝。在国际市场上被誉为香槟乌龙，可见其殊香美色。在茶汤中加上一滴白兰地酒，风味更佳。

据说台湾乌龙茶是由当年一位叫林凤池的台湾人从福建武夷山把茶苗带到台湾种植而发展起来的。林凤池祖籍福建，生活于台湾。他满腹学问，志向高远。听说福建要举行科举考试，他跃跃欲试，望一展才智，但因家境贫穷而无钱上路。乡亲们得知后纷纷捐助他，凑够了他赶考的路费。临行前，乡亲们嘱咐他说："你到了福建，可要向咱祖家的乡亲们问好呀，说咱们台湾

乡亲十分怀念他们。如果你考中了，也要常回来看看，别忘了生你养你的故乡啊！"林凤池高中举人，在为官几年后，想回台湾老家探亲。他将36颗乌龙茶苗当做礼物带回了家乡，并将其种在南投县鹿谷乡的冻顶山上。乡亲们精心培育这些茶苗，采制的台湾乌龙口感清新、甘爽，别具一格。林凤池在回京后将茶献给道光皇帝。道光皇帝饮后赞不绝口，并将此茶命名为"冻顶茶"。从此台湾乌龙茶也被叫做"冻顶茶"。

冬饮红茶御寒

进入冬季，冰天雪地，万物蛰伏。人体各项生理功能也随之减退，阳气渐渐虚弱，中医认为："时届寒冬，万物生机闭藏，

人的机体生理活动处于抑制状态。养生之道，贵乎御寒保暖。"经历了春、夏、秋三季消耗后的身体正需要在冬季进行调养，而红茶是进补养生的上佳之选。因为红茶性甘温，可养人体阳气；含有丰富的蛋白质和糖，生热暖腹，可增强人体的抗寒能力；还可助消化，去油腻。红茶在加工过程中经过充分发酵，使茶鞣质氧化，因此又称为全发酵茶。茶鲜叶经过氧化后形成红色的氧化聚合产物———茶黄素、茶红素、茶褐素，这些色素有一部分可溶于水，冲泡后形成红色茶汤。冲泡红茶，适宜用刚煮沸的水，并盖上杯盖，以免散失香气。英国人常将祁红和印度红

茶拼配，再加牛奶、砂糖饮用。在我国的一些地方，也有向红茶中加入糖、奶、芝麻饮用的习惯，这样既能生热暖腹，又可增添营养，强身健体。由此可见，冬令养生应选择颇具温补之法的传统红茶名品。

正山小种

正山小种，也被称为"武夷云雾茶"。它是我国特有的一种红茶，亦是世界红茶的鼻祖。原产于武夷山市星村镇桐木关一带。为将其与武夷山区以外所产的其他小种红茶加以区分，正山小种又被称为"桐木关小种"、"星村小种"。正山小种在欧洲有上百年的历史，据相关资料记载，正山小种在明代中后期便生产上市，并漂洋过海，在欧洲掀起了一阵红茶文化风。对中国人而言，正山小种是"墙里开花墙外香"。

目前，正山小种的主要产地在武夷山脉北段，海拔两千米以上的黄岗山附近。独特的自然气候与生长环境，使正山小种的茶叶内质精良，其形、色、香、味别具一格。正山小种的制茶工艺有别于其他乌龙茶，采用全发酵、松香烘青、焙干等手法。正山小种的"正山"二字，是为了表明它是高山地区所产的身份。正山小种外形条索肥壮，色泽乌润。泡水后汤色红艳，香气高远，并带有浓郁的烟松香。若加入桂圆汤、牛奶茶调成糖浆状奶茶，汤色将更为绮丽，香气更加悠扬。正山小种的成品茶外形紧结完整，色泽油润，铁青中带有褐色。香气含蓄、清雅，带有天然花香。汤色橙黄清明，茶汤味醇甘爽，喉韵明显，若与其他茶共饮，味感更胜，回味绵长。

祁门红茶

祁门红茶，又叫祁门工夫红茶，简称"祁红"，因产于黄山西麓祁门县而得名。历史上，祁红产区主要指黄山市祁门县、黟

县、黄山区（原太平县），池州市石台县、贵池区、东至县及江西省的景德镇市。祁红产区树木茂盛、土壤肥沃、降雨充沛、气候湿润，自然条件十分优越，宜于茶树生长繁殖。

祁门产茶的历史可追溯到唐代。据史料记载，清代光绪以前，祁门并不生产红茶，而是盛产绿茶，制法与六安茶相仿，故曾有"安绿"之称。光绪元年，黟县人余干臣从福建罢官回籍经商，创设茶庄，祁门遂改制红茶，并成为后起之秀，至今已有1000多年历史。

精致祁门红茶，无论采摘、制作都十分严格，因而形质兼美，条索紧结秀长，色泽乌润（俗称"宝光"），冲泡后汤色红艳明亮，滋味醇厚隽永，经久耐泡，上品茶更有一种兰花香，称为"祁门香"。

祁门红茶可单独泡饮，也可加入牛奶、糖调饮，味道甜美可口。

云南红茶

云南红茶，又名滇红工夫茶，产自云南临沧、保山等地。云南红茶属大种叶型工夫茶，是我国新兴的工夫红茶。云南红茶外形条索紧结，壮硕肥厚，干茶色泽油润，金毫显露，内质汤色艳丽，香气浓郁高长，滋味醇厚甘爽，给人以刺激感。其叶底红嫩鲜亮，在国内外广受好评。

不同时期采制的茶叶，品质有所不同，呈季节性变化。春茶品质最佳，夏茶次之，秋茶最差。春茶条索肥硕，身骨壮实，叶底匀嫩，净度优良。夏茶次于春茶。夏季降雨频繁，芽叶生长快速，芽毫显露，但净度较低，叶底较春茶硬、杂。秋季属干凉季节，茶树因气候影响，生长代谢较慢，致使成茶身骨轻、精度低、嫩度差。

茸毫显露是云南红茶的特征之一，毫色分为嫩黄、菊黄与金黄。即使同一茶园的茶，不同季节其毫色也有所不同，春茶呈嫩黄，夏茶呈菊黄，秋茶呈金黄。不同地区所产茶的毫色也各不相同，昌宁、云县、凤庆等地工夫茶，毫色多呈菊黄，临沧、普文、双江、勐海等地工夫茶，毫色多呈金黄。

云南红茶的茶香以滇西茶区的昌宁、凤庆、云县为佳，尤其是云县部分地区所产的工夫茶，香气醇厚绵长，且带有醉人的花香。滇南茶区工夫茶滋味浓厚，刺激性强，相比之下，滇西茶区工夫茶虽不如其浓烈，但回味无穷。

红碎茶

红碎茶已有百余年的采制历史，极受外国人欢迎，是国际茶叶市场的大宗产品。我国直至20世纪50年代后期才开始生产红碎茶。近年来，红碎茶逐渐被人们所认可，其产量与质量也有所提高。

红碎茶按花色分为四类，分别是叶茶、碎茶、片茶以及末茶。叶茶类的外形呈条状。条索紧结匀齐，色泽纯润，有金毫（或少许或全无金毫）。内质茶汤色泽红亮（或红艳），香气浓郁有刺激性。按品质分为"橙黄白毫"与"花橙黄白毫"。碎茶类外形呈颗粒状，重实匀齐，色泽乌润，含毫（或无毫）。内质茶汤色泽红浓，香气浓郁鲜爽。其花色按品质分为"碎橙黄白毫"、"花碎橙黄白毫"、"碎白毫"等。片茶外形呈木耳形片状，以重实匀齐、汤色红艳、香气浓爽为佳。其花色按品质分为"屑片"、"橙黄屑片"、"白毫屑片"、"碎橙黄白毫屑片"和"花碎橙黄白毫屑片"等。末茶外形呈砂粒状。重实匀齐，色泽乌润为佳。内质茶汤色泽红浓、乌暗，香气浓强带涩。以上四类，其分类规格有着严格的要求，即叶茶中不可含有碎片茶，碎

茶中不可含有片末茶，末茶中不可含有茶灰。红茶还可按制作方法分为传统制法与非传统制法两类。各类制法的产品品质风格迥异。

茶饮禁忌

茶可称得上养生保健最理想的饮料，但也有所禁忌。医学专家告诫我们，只有饮茶适当，才能保健养生。

所谓适当，一是指茶水浓淡适中，过浓，会影响人体对食物中铁等矿物质的吸收，引起贫血；二是控制饮茶量，以一天20克以下为宜，过量则会加重人体肾脏的负担；三是饮茶时间不要在吃饭前后一小时以内，否则会影响人体对蛋白质和铁的吸收；四是因人而异，有些人体质特殊，不宜饮茶；五是有些茶不宜饮用；六是要注意选择好饮茶的水。

不宜饮茶的人

神经衰弱者

据测证，每杯浓茶中约含有100毫克的咖啡因。咖啡因会使人的大脑呈兴奋状态，血流增快、心跳加速，从而使人很难入眠，所以睡前3至4小时内不宜饮茶。

心脏病及高血压病人

饮茶过量会使人心率加快、血压升高，加重心脏负担，对患有心脏病及高血压的人十分不利。

骨质疏松患者

老年人容易骨质疏松，钙的缺失是老年人骨质疏松的原因之一。研究表明，经常饮浓茶会导致钙的流失。浓茶中的咖啡因不但会促进尿中钙的排出，还会抑制肠钙的吸收，所以老年人尽量不要饮浓茶。

动脉粥样硬化患者

茶中含有咖啡因、茶碱、可可碱等多种生物活性物质，这些物质可增强大脑皮质的兴奋程度，使脑血管收缩，血流减慢、供血不足，最终导致脑血栓的发生。这些物质还可导致心脏冠状动脉收缩痉挛，造成心肌缺血，引发心绞痛、心肌梗塞、心律失常，胸闷、心悸等。

溃疡病患者

饮茶会冲淡胃液，饭前饭后大量饮茶会影响食物消化。溃疡病患者饮茶过量，会导致胃酸大量分泌，影响溃疡面的愈合，从而使病情加重。

习惯性便秘者

茶叶煮泡过久，会析出大量的鞣酸。鞣酸会使肠蠕动减慢，从而延长粪便在肠道内的滞留时间，造成便秘。同时，鞣酸还会影响食欲。

贫血病人

铁是人体中血红蛋白的重要组成成分，当人体缺少铁元素，或对铁元素的吸收受到阻碍时，就难以产生血红蛋白，造成血色素降低，甚至引发缺铁性贫血。茶中鞣酸会将摄食中的铁元素沉

淀，导致铁元素不能被人体吸收。所以婴幼儿童、孕妇、哺乳期妇女、月经过多的妇女，患有缺铁性贫血、各类急慢性失血症的人不宜饮茶。

高热者

发热病人不宜饮浓茶。浓茶中所含的茶碱可提高体温，而其利尿的功效又会降低解热药的药效。所以，发热病人最好选择饮用白开水、矿泉水或淡茶水，忌饮浓茶。

痛风病人

痛风病人不宜饮茶，因茶中鞣酸可使患者病情加重。

服用某些药物者应忌茶

茶中鞣酸会沉淀铁剂、洋地黄、中成药补品的有效成分，使其不被人体吸收。在服用胃蛋白酶和多酶片时，更不宜饮茶，因为鞣酸会凝固药物中的蛋白质，使药效难以发挥。

不宜饮的八种茶

浓茶

浓茶中含有大量的咖啡因、茶碱等，刺激性很强，会导致失眠、头痛、耳鸣、眼花，肠胃不适，还会使人产生恶心感。

冷茶

茶宜温热而饮，冷茶有滞寒、聚痰之弊。

烫茶

茶一般都是用沸水冲泡的，但是不能在过热时饮用，否则易烫伤口腔、食管及肠胃黏膜。

霉变茶

霉变茶中含有大量对人体有害的物质和病菌，万万不可饮用。

串味茶

有些味道表明茶是有毒的，如油漆味、樟脑味等，如果茶叶带有这些味道，千万不要饮用。

焦微茶

炒制过火的茶叶，营养已经丧失，味道也不好。

久泡茶

茶叶泡得过久，可能已浸出很多对人体不利的物质，最好不要饮用。

隔夜茶

隔夜茶有些已经变了味，不可饮用；即使还尝不出变味，但其中也滋生了大量的细菌，不宜饮用。

不宜泡茶的水

放置时间较长，已变凉的开水；保温瓶中不是当天煮沸的水；反复加热、煮沸的"千沸水"；蒸过食物之后所剩的沸水；饮水机中隔夜再煮的开水。

二 茶餐唇齿留香

茶叶中含有多种对人体健康有益的成分，且具有去油腻、除腥味、爽口感及增色等功用。充分利用茶叶的各种特性加以烹调，会呈现出不同的色、香、味效果。

茶餐历史

中国是茶的发祥地，以茶入餐，古来有之。《诗经》有"采茶薪樗，食我农夫"；东汉壶居士写的《食忌》有"苦茶久食为化，与韭同食，令人体重"；唐代储光羲曾专门写过《吃茗粥作》；清代乾隆皇帝多次在杭州品尝名茶龙井虾仁；慈禧太后则喜用樟茶鸭欢宴群臣；云南基诺族至今仍保留着吃凉拌茶的习俗。由此可见，食用茶叶的历史悠久。纵观茶餐的历史，其大致经历了以下五个阶段：

先秦时期的原始阶段，以食用茶原汁原味的煮羹为特征；

汉魏晋与南北朝时期的发育阶段，以用茶来掺和作料调味，与食物共煮饮用为特征；

隋唐宋时期的成熟阶段，以茶饮与茶食相佐为特征；

元明清时期的兴盛阶段，以将茶作为调味品，制作各种具有茶风味的食品为特征；

现代社会的黄金时期，以讲究茶餐品位的科学性、追求丰富多样化的艺术情调为特征，形成独树一帜的茶餐。

茶餐分类

进入20世纪，特别是90年代以来，随着茶的生产和文化事业的发展，茶餐开始进入了新的发展阶段。广东早茶进军全国各大城市；台湾有茶宴全席以及茶果冻、茶水羹、得意茶叶蛋、乌龙茶烧鸡、泡沫红茶、李白茶酒等美味佳肴；北京出现了迎宾茶等特色茶宴以及茗缘贡茶、银针庆有余、玉露凝雪、沱茶鸡等50多道茶菜；香港有五夷岩茶和鲍鱼角、茉莉香片炒海米、水仙上汤泡炸豆腐等茶菜和多家茶餐馆；杭州的狮峰野鸭、脆炸龙井、双龙抢珠等茶餐美味可口。从中我们可以看出现代茶餐已开始显露出配套发展的特点，按照消费方式可划分为家庭茶餐、旅行休闲茶餐和餐厅茶餐。按照丰富的茶餐内容又可分为主要供应绿茶、乌龙茶、花茶、红茶、茶粥、皮蛋粥、八宝粥、茶饺、虾饺、炸元宵、炸春卷等的早茶餐；供应茶饺、茶面、茶鸡玉屑为主，再配以一碗汤，或一杯茶、一听茶饮料的快茶餐或套茶餐；供应各种茶菜、

茶饭、茶点、热茶、茶饮料、茶冰淇淋，还可自制香茶沙拉、茶酒等的自助茶餐；还有包括如茶笋、炸雀舌、茶香排骨、松针枣、怡红快绿、白玉拥翠、春芽龙须、茶粥、龙须茶面、茶鸡玉屑等的家常茶菜茶饭和在婚礼生辰等时候举行的各种各样的特色茶宴。如此丰盛的茶餐着实丰富了人们的饮食文化。

茶餐的特点

茶餐是建立在普通中餐基础之上的，采用优质茶叶来烹制的美食，具有鲜明的特色。

讲求精巧，口感清淡

茶餐贵于精，每道菜都需加以点饰；口感多为酥脆、滑爽、清淡几类，以清淡为要。

以春芽龙须这道菜为例，主料选用当天采摘、掐去头尾的绿豆芽，以及当年采摘、去掉茶梗及杂叶的水发春茶芽；容器选用精致的小木盆；色，润白嫩绿；香，清新沁人；味，清淡微咸，怎能不惹人喜爱。

营养丰富，有益健康

茶餐所用的茶为春茶，茶菜的原料亦有不少采自山野，这是因为春茶和山野茶都未受过化肥和农药的影响，并且富含对人体健康有益的多种维生素。

餐饮文化，融为一体

将文化融于餐饮之中，既享用了美味，又陶冶了情操。一方面，茶餐本身即有着浓厚的文化韵味，比如"银针庆有余"这道菜，就是将明前银针茶与"年年有余"的民俗巧妙地结合在了一起；而"怡红快绿"这道菜的创意灵感更是源自古典名著《红楼梦》。另一方面，可以通过将传统文化与现代艺术相结合的形式，将普通的饮食行为提升到文化享受的层次，例如使用八仙桌椅、木制餐具以营造充满古典气息的氛围，更可观赏茶艺表演、欣赏精心编配的茶曲以助雅兴等等。

雅俗共赏，老少咸宜

茶餐的适应面很宽。其一，茶餐是一种新颖的餐饮形式，能够满足人们重视营养健康、返璞归真，追求文化品位的消费需求。其二，茶餐的原料资源丰富、种类繁多，因此从几元钱的茶粥、茶面到上千元的茶宴都能供应，并且成本相对较低。因此，茶餐的商业前景极佳，颇具开发价值。

共享美味

随着人们对茶叶以及茶性认识的不断加深，越来越多的茶餐陆续涌现在餐桌之上，既丰富了人们的日常饮食，又让大家吃得顺心，吃出健康！下面就介绍几类常见的茶餐，让茶餐的美味继续飘香……

养生茶粥

茶饭粥

原料：绿茶5至10克，冷饭300至500克，盐少许。

做法：将绿茶与冷饭加适量清水共煮成粥，再调入少许食盐，即成。

用法：随意作膳食用之。一般不同荤菜配食，而常以素菜类佐餐。

茶叶粥

原料：陈茶叶5至10克，粳米50至100克。

做法：将陈茶叶加水适量煮取汁液，去渣，然后放入粳米共煮为粥，即成。

用法：上、下午温服，临睡前不宜吃。

▲养生茶粥

茶香入菜

龙井炒虾仁

原料：龙井茶叶、河虾、鸡蛋。

配料：盐、淀粉、绍酒、色拉油。

做法：1.将龙井茶叶以热开水冲数分钟，滤出茶汤备用。

2.河虾去壳洗净，将表面水分擦干，加盐略搅拌至虾仁表面呈黏性时，再加入蛋清及淀粉，放入雪柜冷藏4小时。

3.油锅烧至温热，倒入虾仁炒散（勿黏成一团），炒熟即捞出。

4.锅内放进色拉油，倒入虾仁及龙井茶叶炒匀，再加绍酒，以大火略炒匀即可。

▲龙井炒虾仁

白云豆腐

原料：香菇、红萝卜、绞肉、豆腐、茉莉香片。

配料：油、盐、姜末。

做法：1.将香菇、红萝卜切碎。

2.将香菇、红萝卜、绞肉与茉莉香片一同下锅略炒。

3.加入切块的豆腐与少许水，一起熬煮至豆腐入味。

以茶煲汤

龙井茶蛤蜊汤

原料：蛤蜊、龙井茶。

配料：姜丝。

做法：1.以热水将茶叶泡开后过滤茶渣，茶汤留置备用。

2.另外煮开半锅水，放入蛤蜊和姜丝。

3.待汤滚，煮的蛤蜊张开后，将茶汤倒入，不需煮沸。

4.可于汤中放入几片泡开的茶叶作为装饰。

铁观音炖鸡

原料：铁观音茶、鸡肉、黑枣、栗子。

配料：冰糖、盐。

做法：1.铁观音先用大壶泡开，冲2到3次，将收集的茶汤倒入炖锅中。

2.鸡肉切块后放入炖锅。

3.栗子用沸水浸泡，待冷却后剥皮，再放入锅中。

4.最后放入黑枣、冰糖与盐，隔水加热炖煮约40分钟。

茶制点心

茶饼干

原料：低筋面粉、乌龙茶。

配料：黄油、糖。

做法：1.将黄油软化，加入糖，搅拌均匀。

2.用冷水泡乌龙茶，以水中有茶色且茶未完全泡开为宜。将茶水加入黄油和糖中搅拌均匀。

3.再倒入浸过水的茶叶和低筋面粉。

4.搅拌均匀，制成面团，放入冰箱冷冻成形。

5.用饼干模切成花形或长方体，并放入冰箱冷冻至硬（约需要半个小时）。

6.整理好后放入烤盘，放进预热好的烤箱烤焙即可。

文山包种茶龙凤饼

原料：笋、香菇、草菇、文山包种茶、绞肉、面粉、鸡蛋。

配料：盐、糖、油、凤梨。

做法：1.笋洗净，开水煮熟后切丁。

2.将草菇和泡发的香菇一起切碎。

3.将茶叶泡开后，捞起茶叶剁碎，与笋、草菇、香菇、绞肉混合下锅，加盐、糖炒香备用。

4.面粉与鸡蛋加水调成糊状，将油倒入平底锅预热后，再将面糊倒进锅中；待面糊半凝固时，将先前炒好的配料均匀铺在面糊上，用温水烤熟即可。

5.饼上可摆数片凤梨作为装饰。

简易茶餐

乌龙茶水饺

原料：高丽菜、绞肉、乌龙茶、饺子皮。

配料：盐、芝麻油、胡椒、姜末。

做法：1.将茶叶以热水冲泡约2分钟。

2.高丽菜洗净剁碎，加少许盐搅拌，腌约10分钟后挤出多余水分。

3.茶叶泡开后剁碎，加入高丽菜、绞肉混合，加上调味料和部分泡菜的茶汤和匀作馅，包在饺子皮内成为茶叶水饺。

绿茶沙拉

原料：马铃薯、鲔鱼罐头、绿茶粉。

配料：蜜饯或樱桃数粒、沙拉酱。

做法：1.马铃薯削皮切成细丁蒸熟。

2.将熟马铃薯倒入器皿中加入鲔鱼搅拌均匀，再移至平盘，依盘形放置。

3.在鲔鱼马铃薯上撒绿茶粉。

4.沿盘缘摆放蜜饯或樱桃装饰，待冷却后盖上保鲜膜，加入冰箱冷藏。

5.食用时取出，挤上细条状沙拉酱。

茶餐注意事项

茶叶的选择

理论上来说，所有的茶叶都可以用于制作茶菜，但就实际的效果而言，绿茶、黑茶（普洱茶）、乌龙茶的效果比红茶更好；而就菜肴的品质而言，那些香味淡、茶梗多、有虫眼的茶叶自然就不适于做菜了。

茶叶必须泡开，这样才能得到香味四溢的效果，因此泡茶汤就显得尤为重要。一般而言，茶叶经80℃的水浸泡2分钟后即可用于做菜，水温过高或浸泡时间过长都可能使茶叶的香味慢慢消失。用这样的茶叶做菜，其香味自然也就大打折扣。此外，水的用量也很重要。一般而言，10克质量良好的干茶叶用水600毫升左右效果最好。当然，这也需要针对不同的菜品做具体调整。

茶与餐的搭配

制作茶餐，需要根据茶叶和食材的特性选择搭配的方法，随意搭配的做法是不可取的。从茶性的角度来讲，龙井茶等绿茶香味清淡，因此适于制作口味较清淡的菜品；普洱茶的茶汤色泽红亮，非常适于焖制、烧制的菜品；铁观音叶绿且大，香味较浓，适合泡发之后炸制配菜；红茶香味浓郁，与腥味较重的食材搭配效果甚佳。从食性的角度来讲，海鲜性寒凉，绿茶与之同属凉

性，二者搭配（如龙井虾仁）效果最佳；鸡、鸭肉与乌龙茶都是温性，二者搭配（如樟茶鸭）效果最佳；牛肉性热，同属热性的红茶是其"最佳搭档"。

并非所有的食材都可以与茶叶"合作"。螃蟹与柿子不能同食是人所共知的常识，其原因是柿子中所含的单宁会与蟹肉发生不良的化学反应，而茶叶中也含有单宁，因此螃蟹是不能用于制作茶餐的。此外，从提升菜品品质的角度考虑，也应对茶餐的材料和做法细心选择。如叶类蔬菜经烹调之后往往变得软烂，因此不宜用于制作茶菜，而口感脆爽的梗类蔬菜则非常适合与香味馥郁的红茶搭配制作凉菜；海鲜、禽畜肉一般而言都可以用于制作茶餐，但禽畜肉类中的某些食材（如鸡胗），仅靠茶汤和茶叶很难使其入味，需要使用特殊的方法（如用茶粉提前腌渍），才能增加它的香味。

如何调味

花生油、猪油、奶油、芥辣、黄油以及辣椒、蒜等香辛调料是日常烹饪中常用的调味品，但是在茶餐之中，使用这些调料会在不同程度上掩盖茶叶的香味。辣椒、蒜等香辛调料可以使用三次调味、逐步增加用量的方法，减少其对茶香的遮盖。此外，在烹制某些茶菜时，还可以用茶汤将香辛调料浸泡出香味，通过品尝茶汤的滋味对香料用量加以调整，确保茶菜的品质不会因香料用量过大而受到影响。至于花生油、猪油、奶油、芥辣和黄油，需尽量避免在茶菜中使用，因为它们的香味过浓，用量不易掌握，很容易遮盖茶香。

茶餐禁忌

　　烹饪茶餐需要"速战速决"，切忌长时间烧煮。过久的烧煮不仅会极大地破坏茶叶中所含的维生素，而且会使茶叶变黑，影响茶餐的外观。一般而言，茶餐的烧煮时间不宜超过5分钟。

　　茶叶中含有大量的儿茶素，胃病患者食用不当容易引发胃溃疡，故须谨慎对待。

三 残茶物尽其用

在日常生活中，泡饮过的茶叶或因贮存不当而不能再饮用的茶叶经常是"留而无用，弃之可惜"。随着生活水平的提高，人们渐渐发现残茶也有用武之地。

消除异味

食用过生葱或生蒜后，可以利用咀嚼残茶渣的方法慢慢清除口腔里的葱、蒜味。

将残茶渣放在冰箱的底层（直接将残茶放入亦可），能够有效地消除冰箱中的异味。

湿茶叶可以用来去除容器里的葱味和腥味。

加热残茶可以去除烟味。

残茶渣晾晒干后垫在鞋里，可吸除鞋里的汗湿和臭味。

残茶渣晒干后燃熏，可以消除卫生间或沟渠里的恶臭，还可驱除蚊蝇。

清洁去污

用残茶渣搓洗深色衣物，去除油渍的效果很好。

用残茶渣擦洗锅碗，可以去油污，使锅碗更加清洁光亮。

用残茶渣擦拭皮鞋有很好的清除泥污的效果，对镜子、玻璃、门窗、竹木家具、胶质板上的泥污也同样有效。

吸尘除潮

先将残茶渣撒在地毯上，再用扫帚将其扫去，可使地毯得到彻底的清洁。这是因为茶叶具有很强的吸附作用，能够将地毯上的尘土全部带走。

残茶渣晒干后铺在潮湿处，有去潮的功效。

其他妙用

饭后用茶水漱口，可杀灭口腔中有害的微生物。让茶水在口腔内往复运动，不但能清除牙垢，更有助于强化口唇轮匝肌和口腔黏膜的生理机能，提高牙齿防抗酸性物质腐蚀的能力。

用残茶浸泡灼伤部位可缓急痛感。

残茶渣晒干后可填入枕套中。"茶叶"枕头不但柔软，而且能去头火，甚至还有辅助治疗高血压、失眠的功效。需要注意的是茶叶容易受潮，需要勤加晾晒。

将浸泡数天的残茶汤浇在植物根部有促进植物生长的作用。

第四章

悟其道

茶道，可以理解为『茶之道』，亦即备茶、品茶之道，是指备茶的技艺、规范和品茶方法等一系列以茶为载体的生活礼仪。茶道，还可以理解为『茶中道』，亦即通过对沏茶、赏茶、饮茶等一系列活动的思想内涵的挖掘，达到增进友谊、美心修德、学习礼法之目标的生活态度。因此，茶道不仅是一种物质享受，更是一种精神享受，是一种通过品茶陶冶情操、修身养性、升华思想的方式，是一种融合了哲学思想与道德观念的文化艺术。

中国的茶道源远流长，现存最早的有关于茶道的文献是唐朝的《封氏闻见记》，其中有『又因鸿渐之论，广润色之，于是茶道大行，王公朝士无不饮者』的记载。这说明最晚不过唐朝，我们的祖先就已经将饮茶视为一种修身养性之道了。

一 茶道概述

茶道，不仅是备茶、品茶之道，更重要的是在饮茶过程中进行体悟、挖掘思想内涵，以品茶的方式陶冶情操、提升思想内涵。可以说，茶道是物质与精神的结合艺术。

唐朝时出现了茶宴，并成为一种流行的社交活动。宾主在席间品茶、赏景、抒怀，有着说不尽的风流高雅。在不少的唐人诗文（如唐代诗人吕温所作的《三月三茶宴序》）中都有对茶宴的优雅氛围和茶的美味的生动描述。此外，当时的僧人也都将茶作为参禅礼佛时清心养性的饮品。在唐代诗僧皎然传颂千古的名篇《饮茶歌诮崔石使君》之中，有这样的诗句："越人遗我剡溪茗，采得金芽爨金鼎。素瓷雪色缥沫香，何似诸仙琼蕊浆。一饮涤昏寐，情思爽朗满天地。再饮清我神，忽如飞雨洒轻尘。三饮便得道，何须苦心破烦恼。此物清高世莫知，世人饮酒多自欺。愁看毕卓瓮间夜，笑向陶潜篱下时。崔侯啜之意不已，狂歌一曲惊人耳。孰知茶道全尔真，唯有丹丘得如此。"诗中不仅提到了茶道一词，而且还详细描绘了僧人品茶悟道的过程，即通过品茶涤昏寐、清我神、破烦恼，从而达到修身养性、大彻大悟的境界。到了宋代，饮茶的环境、礼节、操作方式等出现了约定俗成的程序和规范，茶宴也划分出了宫廷茶宴、文人茶宴、寺院茶宴几种。宋朝人对饮茶这一修身养性之道已经有了十分深刻的认识。宋徽宗赵佶就是一位认为饮茶能使人的心绪保持闲和宁静的"茶道爱好者"。他曾说："至若茶之为物，擅瓯闽之秀气，钟山川之灵禀，祛襟涤滞，致清导和，则非庸人孺子可得知矣。中澹闲洁，韵高致静……"然而，尽管"茶道"一词早在唐代就已经在我国出现，但我国的茶道始终存在着重精神而轻形式的问题。在相当长的一段时期中，我国既没有形成一套规范的具有传统意义的茶道礼仪，也缺乏对茶道概念的统一认识。

茶道的集大成者《百茶联》作者在天认为："茶道，就是品赏茶的美感之道。"

我国现代茶道的奠基人、著名茶学家吴觉农先生（1897—1989）在《茶经述评》一书中写道：茶道是"把茶视为珍贵、高尚的饮料，饮茶是一种精神上的享受，是一种艺术，或是一种修身养性的手段"。

著名茶学家、茶学教育家庄晚芳（1908—1996）认为茶道是通过饮茶的方式，对人民进行礼法和道德教育的一种形式。他还将中国茶道的基本精神归纳为"廉、美、和、敬"。廉，是推行清廉，勤俭育德，以茶代酒，以茶敬客；美是美真康乐，名品为主，共品美味，共尝清香，康乐长寿；和是和诚相处，清茶一杯，德重茶礼；敬是敬人爱民，清茶一杯，助人为乐，器净水甘。

出生于1938年的茶文化研究家陈香白提出中国茶道"七义一心"说，即中国茶道形成于盛唐，涵

盖茶艺、茶德、茶礼、茶理、茶情、茶学说，茶道导引七种义理，其核心思想是"和"。

散文大家周作人（1885—1967）则说得比较随意，他对茶道的理解为："茶道的意思，用平凡的话来说，可以称作为忙里偷闲，苦中作乐，在不完全现实中享受一点美与和谐，在刹那间体会永久。"

出身茶叶世家的茶道学者金刚石提出，茶道表现了茶赋予人的一种生活方向或方法，也指明了人们在品茶过程中懂得的道理或理由。

台湾学者刘汉介则提出："所谓茶道，是指品茗的方法与意境。"

纵观上述定义，有的高深玄妙，有的通俗浅显，但究竟什么是茶道，直至今天国内茶学专家们仍无共识。也许中国的茶道文化正如老子所说："道可道，非常道。名可名，非常名。"《坛经》也说，"道由心悟"。为茶道下一个固定的定义，反而限制了茶人们的想象力，淡化了用心灵感悟茶道的玄妙感受。月只一轮，人的感受千般。有孟浩然的"江清月近人"，有杜甫的"月是故乡明"，还有林逋的"疏影横斜水清浅，暗香浮动月黄昏"，茶道如月，对于它，每人心中自有一番体悟；个中真味，也只有自己知道。

二 中国茶道流派

中国茶道在茶"雅俗共赏"的基础之上形成了四大流派:"茶之品"——贵族茶道;"茶之韵"——雅士茶道;"茶之德"——禅宗茶道;"茶之味"——世俗茶道。

贵族茶道

贵族茶道系由贡茶演化而来,是中国茶道流派中颇有特色的一支。事实上,茶的功能和价值被人们广泛地了解和承认,正是从茶被列为贡品开始的。

晋朝常据所著的《华阳国志·巴志》中记载,公元前1135年,周武王伐纣,建立了周王朝,此后巴蜀地区出产的茶叶便被正式列入贡品之中。在中国古代,皇权有着至高无上的地位,而皇家的好恶也对社会习俗有着巨大的影响。茶被列为贡品,在客观上抬高了茶的身价,从而推动了制茶业的发展,促进了人们对茶的科学研究,一大批名茶也应运而生。因此,可以说是贡茶制度确立了茶在我国的"国饮"地位,也是贡茶制度确立了我国世界产茶、饮茶大国的地位。

然而另一方面，茶也因此成为了当时的皇族显贵、高官富贾们炫耀权利和财富的工具。产茶地的劳动人民因为贡茶制度废耕废织，昼夜辛苦劳作。朱门之内的皇亲贵戚、达官显贵、豪商富绅们则给茶装金饰银，用茶相互攀比，但也因此创造出了贵族茶道。对于他们而言，文化品位和思想境界并非其追求的目标，能够彰显其地位与财富才是他们真实的目的，而茶艺中的四要（即精茶、真水、活火、妙器）正可以为他们提供展示"风采"的舞台，因此贵族茶道在茶、水、火、器上无不追求极致的精美和奢华。比如，"孰是天下第一泉"的争论就曾引得乾隆皇帝亲自出马，利用"称水法"进行评判，钦定北京玉泉水为"天下第一泉"，毫不在乎要耗费多少民脂民膏。

尽管贵族茶道豪奢的风尚有违情理，但其深厚的历史背景、特有的仪式和程序所具有的文化价值仍是必须予以承认和肯定的。在中国的封建历史终结之后，贵族茶道仍然作为一支重要的茶道流派在社会上广泛地流传，源于明清、目前日渐大众化的潮闽工夫茶最初就是贵族茶道中的一种。

雅士茶道

中国古代的"士"和茶有着不解之缘，可以说没有古代的士便无中国茶道。

此处所说的"士"是已久仕的士，即已谋取到功名获得一官半职者，或官或吏，最低也是个靠俸禄谋生的学差，那些笃实好学但却囊空如洗的寒士并不在此之列。

中国的"士"就是知识分子，古代的知识分子想要有所作为就得"入仕"。荣登金榜则成龙成凤，名落孙山则如同草芥。当然不一定得个个当进士举人，但要有一点地位，方能吟诗作赋并参禅悟道。这便是中国封建时代的特点。

在魏晋之前，中国嗜茶的文人并不多见。在诗文中提及茶的文人仅有汉代的司马相如，两晋的张华、左思、郭噗、杜育、张载，南北朝的鲍令晖、陶弘景、刘孝绰等寥寥数人，而懂得品饮的文人更是至多也不过三、五个。但自唐代以来，便几乎再无不嗜茶的文人。之所以会发生如此巨大的变化，是有着深层次的原因的。魏晋以前的文人多嗜酒，他们"狂放啸傲、栖隐山林、向道慕仙"，借喝酒来逃避现实。比如魏晋名士、"竹林七贤"之一的刘伶，嗜酒到了"不要命"的程度，"常乘一鹿车，携酒一壶，使人荷铺随之，云：'死便掘地以埋。'"然而唐代

以后，入世的思想在文人中盛行，文人们不再倾慕魏晋名士的风骨，而是希望学有所用、名垂青史。这使得冷静、务实成为文人处世态度的主流，也使得饮茶取代饮酒，成为了新的风尚。

唐代以后，饮茶之风在文人中兴起，将文人推到了继承和发展茶道的主角的位置上，而唐以后的文人们之所以能够胜任这一角色，是与他们入世的态度息息相关的。唐以后的文人多担任官职，这在客观上给他们品茗、研究茶道提供了方便。在产茶的州府任职的文人们，更可谓是近水楼台先得月，甚至可以借助职务之便，品到比皇帝所得更新鲜的茶，而他们也在品饮中提升了品茗的敏感度，多有成为品茗专家者。因而文人钻研茶道，通晓茶艺的几率更高，对茶道发展的促进作用更显著，而且他们不但能够在实践中对茶艺加以改进，更能够通过创作诗文传播茶道。唐代的白居易、皮日休、杜牧都著有许多咏茶的诗文；李白、杜甫、陆羽、孟浩然、刘禹锡、陆龟蒙等亦有相关的诗文传世；宋代的梅尧臣、苏轼、陆游所做咏茶诗最多；欧阳修、蔡襄、苏辙、黄庭坚、秦观、杨万里、范成大等亦有所做。

"啜罢江南一椀茶，枯肠历历走雷车。黄金小碾飞琼雪，碧玉深瓯点雪芽。笔阵陈兵诗思勇，睡魔卷甲梦魂赊。精神爽逸无余事，卧看残阳补断霞。"元代名相耶律楚材所做的《西域从王君玉乞茶因其韵》可谓道尽了茶的好处。诗人品茗，思如泉涌、笔下生花，因而品茗文学、品水文学便应运而生，进而又引发了与茶相关的文、学、画、歌、戏等一系列文化艺术的兴起，使品茗真正成为了精神上的享受，从而形成了中国茶道的又一流派——雅士茶道。

禅宗茶道

　　禅宗茶道是茶与佛教结合的必然产物，也是中国茶道的重要形式。僧人种茶、制茶、饮茶并研制名茶，为中国茶叶的发展、茶学的发展、茶道的形成立下了不世之功。值得一提的是，日本茶道主要就是源于中国的禅宗茶道。

　　僧人种茶历史悠久，《晋书·艺术传》中记载："敦煌人单道开，不畏寒暑，常服小石子，所服药有松、桂、蜜之气，所饮茶苏而已。"这是较早的僧人饮茶的正式记载。单道开是东晋时期的人，在鄴城昭德寺坐禅修行，常服用有松桂蜜之气味的药丸，饮一种将茶和紫苏调配的名曰"茶苏"的饮料。清饮是宋代以后的事，应当说单道开饮的是当时很正宗的茶汤。

　　中国茶道从产生开始就带有三分佛气，茶道生发于茶之德。佛教认为"茶有三德"：坐禅时助其通宵不眠；满腹时帮助消化；可以抑制性欲。这三条对佛教有着重要意义。释氏学说传入中国后形成了独具特色的禅宗，禅宗和尚日常修持之法就是坐禅，要求静坐、敛心，达到身心"轻安"、观照"明净"。其姿势要求头正背直，"不动不摇，不委不倚"，通常坐禅一坐就是三个月，老和尚难以坚持，小和尚年轻瞌睡多，更难熬，饮茶正可以提神，驱走睡魔。而且饭罢就要坐禅，易患消化不良，饮茶可以生津化食。茶既能驱睡、助消化，又能抑制性欲，自当成为了佛门首选饮料。

　　明代乐纯著《雪庵清

史》列举居士每日的"清课"有"焚香、煮茗、习静、寻僧、奉佛、参禅、说法、作佛事、翻经、忏悔、放生……"等许多内容,其中"煮茗"名列第二,足可以看出佛茶一体的说法是非常准确的。

世俗茶道

茶是雅物,也是俗物。进入世俗社会,行于官场,染几分官气;行于江湖,染几分江湖气;行于商场,染几分铜臭气;行于社区,染几分市侩气;行于家庭,染几分小家子气。这些就是以"享乐人生"为宗旨的世俗茶道。

官场中的茶道,是各色人物竞相登场的舞台,在这个舞台上,轮番上演着一幕幕或雄壮、或凄凉、或慷慨、或卑劣的历史剧。唐代时,横贯亚欧大陆的丝绸之路使唐王朝的都城长安成为了世界政治经济文化的中心,也将茶道传播到了海外各国。文成公主远嫁西藏时,茶是重要的嫁妆之一,文成公主为西藏带去了当时先进的生产技术和文化,在藏族人民心中有着神明一般的地位,饮茶也从此成为了藏族人民的习俗,茶成了国家政治清明、国力强盛的象征。唐文宗太和九年(835),发生了江南茶农为抗议榷茶制度打死榷茶使的事件,也就是茶农斗争史上颇为著名的"甘露事变",茶成了劳动人民反抗压迫的导火索。宋朝时,茶被朝廷当做取悦强敌的贡品,成了屈服于强权的象征。明朝时,茶马交易成了朝廷"制番人之死命"的杀手锏,茶又成了政治斗争的筹码。清代,出现了与贵族茶道、雅士茶道、禅宗茶道截然不同的官场上的"茶道"。在官场上,饮茶有着特殊的程序，而这些程序又有着特殊的含义。例如在拜谒上司或长者的时候，有着主客皆不能取饮仆人献上的盖碗茶，否则即被视为无礼的惯例。主人端茶，乃是下"逐客令"之意，客人须知趣地告辞，这也就是"端茶送客"的由来；而若主人令仆人"换茶"，则是表示有意"留客"。茶成了官场上富有象征意义的"道具"。清末左宗棠收复新疆之后，输入湖茶作为一项固边的经济政策，茶又成了政治工具。茶虽有灵，但落入了封建政治的染缸，也难免扮演尴尬的角色。

江湖中的茶，也带着几分江湖气。江湖帮会之间产生了纠纷，自然不会去公堂告状，只是在"摆场子"、"见真章"之前，也总要讲些江湖规矩，比如，在茶馆中碰个面，请彼此信得过的人物从中调停，号称"吃讲茶"。而"致清导和"本是茶道的宗旨之一，因而这种"吃"茶的法子，倒也不违茶道的宗旨。

商场中的茶，又是别样面目。在广州，"请吃早茶"和商业谈判同义。双方相对而坐，就着袅袅的水汽看货叫板，要价还钱，揣摩算计，几番功夫，几个来回，终于拍板成交，各将座前香茗一饮而尽。虽是勾心斗角，却也是智慧的较量；虽无硝烟弥漫，却也有几分沙场的豪壮。此情此景若无茶，岂非少了许多诗意？

社区中的茶，带着浓厚的人情味，是平民化、大众化的社区文化的重要载体之一，这从老舍先生的名作《茶馆》中即可见一

斑。清朝时，"京师茶馆，列长案，茶叶与水之资，须分计之；有提壶以注者，可自备茶叶，出钱买水而已。汉人少涉足，八旗人士，虽官至三四品，亦厕身其间，并提鸟笼，曳长裾、就广坐，作茗憩，与圉人走卒杂坐谈话，不以为忤也。然亦绝无权要中人之踪迹。"（《清稗类钞》）。民国年间的茶馆在卖茶水的同时也兼卖点心，更有融饮食、娱乐为一体的评书茶馆、京剧茶馆等。人们在茶馆中坐坐，不仅能喝茶，更能听听评书《水浒传》、《包公案》、《三侠剑》，欣赏专业的梨园子弟或是下海的票友的表演，甚至可以看杂耍，听相声、单弦。

走进家庭的茶，已经成了居家生活的必需品。清代查为仁所著的《莲坡诗话》中有"书画琴棋诗酒花，当年件件不离它；而今七事都更变，柴米油盐酱醋茶。"可见对当时的人们而言，茶的重要性已经堪比柴米油盐了。居家之茶，可煎以飨客，增进友情；亦可家人会饮，乐享天伦。居家之茶，无需追求"精茶、真水、活火、妙器"，一切贵在随心所欲。家境殷实者精益求精固然清雅高贵；小康之家法乎其中亦可自得其乐；平凡百姓但能调治得法，纵然茶粗器陋，所得茶趣亦不下于人。

茶本是满足人们口腹之欲的饮品，却生出了上文所述的形态各异的"道"来。这些五花八门的茶道与贵族茶道、雅士茶道、禅宗茶道有所不同，它们的思想内涵非佛非道，而是儒学内蕴与"享乐人生"观念的结合。将它们统一于"世俗茶道"的概念之下，与另外三种茶道并列起来，才算是构成了完整的中国茶道系统。

三 中国茶道四谛

我国的茶道，是在纯真自然、朴素谦和的民族特性的土壤上开出的美丽花朵，在其技艺、意趣之中，深藏着中庸、俭德、明礼、谦和的思想内涵，即"和、静、怡、真"。

和——中国茶道哲学思想的核心

茶道中的"和"是由《周易》中的"保合大和"（指世间一切事物都是由阴、阳两种要素构成的，阴阳调和、保全大和之元气才是普利万物的人间真道）的观点演化而来的。"和"的理念在儒家、佛教、道教的哲学思想中都有体现；而对于茶道中的"和"，儒、释、道三家有着不同的诠释。

儒家从"太和"的哲学理念中推衍出"中庸之道"的中和思想。"和"在儒家学说中，是一种既没有"过度"、"过当"，也没有"不够"、"不足"的最佳状态。在情与理上，"和"表现为理性的节制，而非情感的放纵。在举止言行上，"和"表现为适可而止，"敏于事而慎于言"（《学而篇》）；在人与自然

的关系上，"和"表现为"仁人之心，以天地万物为一体，欣合和畅，原无间隔"（《王阳明全集》）；在人与社会及人与人的关系上，"和"表现为"礼之用，和为贵"（《学而篇》），提倡和衷共济，敬爱为人。而儒家学说的这些"和"的理念，均在中国茶道中得到了淋漓尽致的展现：在"酸甜苦涩调太和，掌握迟速量适中"的泡茶过程中，展现着中庸之道；在"朴实古雅去虚华，宁静致远隐沉毅"的心态上，展现着行俭之德；在"奉茶为礼尊长者，备茶浓意表浓情"的待客之道上，展现着明伦之礼；在"饮罢佳茗方知深，赞叹此乃草中英"的饮茶过程中，展现着谦和之礼。

佛家也讲"和"，提倡人们修习"中道妙理"。《杂阿含经·卷九》中引用佛陀的话说："汝当平等修习摄受，莫着，莫放逸。"这就是佛家所谓的"中和"。在茶道中，佛家最突出的表现就是"禅茶一味"，这实际上就是外来的佛教文化与中国传统文化的"和会"。

道家则认为天地万物都包含阴阳两个因素，生是阴阳之和，道是阴阳之变。老子认为："道生一，一生二，二生三，三生万物。万物负阴而抱阳，冲气以为和。"（《老子·第四十二章》）即阴阳两气相互依存，相互激荡而生成新的和谐体是宇宙变化的根本。人与自然界的万物同是阴阳两气相和而生的，本为一体，所以在中国茶道中特别注重亲和自然，回归自然。在处世方面道家强调"知和日常"，提倡"和其光，同其尘"（《老

子·第四章》）。这在茶艺中表现为无论与什么样的人一同品茶，都应和诚处世，和蔼待人，和乐品茗。

道家的哲学之和又演绎出了养生之和。中医认为，茶是由金、木、水、火、土五行相生相克调和而成的天地之灵物，可"致清导和"，使人体内部阴阳协调，达到延年益寿的效果。

正因为茶道中"和"的内涵如此丰富而深刻，所以历代茶人都以"和"作为茶的灵魂，把"和"作为一种襟怀，一种境界，不断地在茶艺实践中修习、体悟，不懈地按照"和"的真谛去追寻自我、超越自我、完善人格。

静——中国茶道修习的必由之径

茶道是修身养性之道，静是追寻自我的必由之径。

老子说："致虚极，守静笃，万物并作，吾以观其复。夫物芸芸，各复归于其根。归根曰静，是谓复命。"孔子说："水静则明烛须眉，平中准，大匠取法焉。水静犹明，而况精神。圣人之心，静乎，天地之鉴也，万物之镜也。"老子、孔子所说的都是"虚静观复法"。其大意是致虚达到了极点，守静达到了纯笃，就能发现世间万物在苗壮成长之后会各自复归于它们的根底。复归根底叫做静，静是复原生命。茶人的心虚静之极，所以能像镜子一样真实地反映出天地万物。老子、庄子所说的"虚静观复法"是茶人明心见性、洞察自然、反观自我、体道悟道的无上

妙法。

儒家学者对静可修身养性有独到而深刻的认识。嵇康提出"夫气静神虚者，心不存矜尚"的理念，并以此作为越名教而任自然的思想基础。白居易自述称："修外以及内，静养和与真。"苏东坡有一首诗写得最妙，"欲令诗语妙，无厌空且静。静故了群动，空故纳万境。"诗中的"妙"即韵味，全诗的大意是说要想写诗有韵味，诗人的心应当空且静。诗中的"了"是了然、明白、体察之意，"动"是指宇宙的变化。因为只有心静了，才能体察到弥散于宇宙间川流不息、律动不已的生命之灵气。只有心空灵了，才能使自己襟怀坦荡广阔，容得下天地万物，达到自由洒脱、天人合一的境界。苏东坡这首诗充满哲理玄机，讲的虽是写诗的道理，但也符合茶道的要义。

在茶艺修习的过程中，"静"还常与美联系在一起，"静"是茶人的一种审美体验。孔子讲："以虚静推于天地，通于万物，此谓之天乐。"（《孔子·天道》）中国的茶道正是通过茶事来营造一种平和宁静的氛围和空灵虚静的心境。"茶之为物，……冲淡闲洁，韵高致静"（宋徽宗赵佶《大观茶论》）是平和宁静的氛围最好的注脚；"不风不雨正清和，翠竹亭亭好节柯。最爱晚凉佳客至，一壶新茗泡松萝"（清·郑板桥）是空灵虚静心境的最好范例。从古至今，无论是文人雅士，还是隐者高僧，莫不将"静"作为品茗修心的大道。当清馨的茶香弥漫开去，充盈了身与心，饮茶者的灵台似也在其熏陶下变得更加空明澄澈，饮茶者的精神似也在其指引下得以净化和升华，融入了天与地的怀抱之中，渐入"天人合一"之佳境。

怡——中国茶道中人的身心享受

中国茶道不重形式、不拘一格、雅俗共赏，最能让茶人在茶事过程中得到愉悦怡乐的身心享受。中国茶道之"怡"可分为三个层次，即怡目悦口的直觉感受；怡心悦意的审美领悟；怡神悦志的精神升华。

修习茶道、参与茶事活动，首先是对美的直觉享受，幽美的茶事环境，精美的茶具器皿，醉人的茶香，甘爽的茶味，悠扬悦耳的背景音乐或许还伴有动人的解说，这一切都作用于人的全部审美器官并使人产生怡悦之感。这是茶道之怡最粗浅的层次。例如，唐代诗人崔珏在《美人尝茶行》一诗中写道："朱唇啜破绿云时，咽入香喉爽红玉。"宋代诗人王禹称在《龙凤茶》一诗中写道："香于九畹芳兰气，圆似三秋皓月轮。"这些均属于这一层次的感受。

茶道审美的心理活动并不只是停留在怡目悦口的直觉感受上。茶的色、香、味以及茶事活动中的美妙情境必然会撩动茶人的情感，加深茶人对茶道之美的领悟，使茶人体验到全身心的舒畅和怡悦，获得"心旷神怡"甚至"销魂夺魄"的心理感受。如宋人黄庭坚在《品令·茶词》中写道："味浓香永。醉乡路、成佳境。恰如灯下故人，万里归来对影。口不能言，心下快活自省。"这写的便是从品茶中领悟

到的情之美。黄庭坚不愧为苏门四学士之一，他把只可意会难以言传的品茶"怡心悦意"的审美感受写活了。

"怡神悦志"是中国茶道使人怡悦的最高层次，是众多茶人追求的最高境界，同时也是中国茶道最令人着迷的地方。所谓"怡神悦志"，是指茶人在参与茶事活动时，在审美的过程中，通过感知、理解、想像等多种心理活动品出了茶的物外高意，悟出了茶道中的玄机妙理。这种升华可表现为"明心见性"后的畅适，也可表现为"物我两忘"后的"天乐"。唐代诗人温庭筠写道："疏香皓齿有余味，更觉鹤心通杳冥。"宋代大诗人黄庭坚在《一斛珠》中写道："香芽嫩蕊清心骨，醉中襟量与天阔。夜阑似觉归仙阙。走马章台，踏碎满街月。"明代诗人闵龄在《试武夷茶》一诗中写道："啜罢灵芽第一春，伐毛洗髓见元神。"形象地描述出了茶人连"骨髓"都洗净了的精神升华，这就是怡神悦志的"天乐"。

中国茶道的"怡"还极具广泛性。不同地位、不同信仰、不同文化层次的人对茶道有不同的追求。王公贵族讲茶道，重在"茶之品"，意在炫耀权势，夸示富贵，附庸风雅；文人学士讲茶道，重在"茶之韵"，意在托物寄怀，激扬文思，交朋结友；佛门高僧讲茶道，重在"茶之德"，意在驱困提神，参禅悟道，见性成佛；道家隐士讲茶道，重在"茶之功"，意在品茗养生，保生尽年，羽化成仙；普通百姓讲茶道，重在"茶之味"，意在去腥除腻，涤烦解渴，招待亲朋。无论什么人都可以从中国茶道中得到生理上的快感、精神上的满足和心灵上的怡悦，此所谓"自恣以适己"。

真——中国茶道的终极追求

真，原是道家的哲学范畴。庄子认为："真者，精诚之至也。不精不诚，不能动人。……真者所受于天地。自然不可易也。故圣人法天贵真，不拘于俗。"（《南华真经·渔父》）在道家学说中，真与"天"、"自然"等概念相近，真即本性、本质，所以道家追求"抱朴含真"、"返璞归真"，要求"守真"、"养真"、"全真"。"真"者，真理之真，真知之真。中国茶道中所追求的"真"有四重含义：物之真；情之真；性之真；道之真。

中国茶道要求茶艺在以艺示道时，茶最好是真茶、真香、真味；环境最好是真山真水；器皿最好是真竹、真木、真石、真陶、真瓷；字画最好是名家真迹；插花最好是新采的真花。此乃追求物之真。

待客要真心实意，并通过品茗叙怀，使茶友之间的情谊得到增进，达到互见真心的境界，并由此体味到品茶的真趣。此乃追求情之真。

在品茗过程中，真正放松自己的心情，在无我的境界中放飞自己的心灵，放牧自己的天性，就可达到"全性葆真"的境界。"全性葆真"中所说的"真"即生命。庄子曾讲："道之真，以

治身。"（《庄子·让王》）意即一切"道"的真谛都是要"贵生"、"重生"、"保生"，此乃追求性之真。

在茶事活动中，茶人们以淡泊的襟怀、旷达的心胸、超逸的性情和闲适的心态去品味茶的物外高意，将自己的感情和生命都融入大自然之中，去追求对"道"的真切体悟，使自己的心能契合大道，达到修身养性、陶冶情操、洁净心性、品味人生的目的，此乃追求道之真。

由此可见，"真"既是中国茶道的起点又是中国茶道的终极追求。

四　中国茶道与传统文化

中国茶道融合了儒、释、道三家的精华。儒家为茶道注入中庸仁礼思想。佛教以茶助禅，在茶中体味苦寂。道家崇尚朴素、自然、真美的理念为茶道赋予了灵魂。

中庸仁礼——茶道与儒家

儒家思想产生于春秋时代，它作为一种精神，在不同朝代的变化、发展中表现出了极强的生命力。儒家思想的特点是无处不在，贯穿于日常生活之中，使人们在饮茶中也能交流思想，增进感情。

中庸仁礼

有人说，中国人的性格像茶，总是清醒、理智的看待世界，和睦友好、不卑不亢、执著持久，这话说得颇有些道理。从表面上来看，中国儒、释、道各家都有自己的茶道流派，其形式与

价值取向各不相同：儒家以茶励志，沟通人际关系，积极入世；佛教以青灯伴茶，在孤寂中明心见性；道家的茗饮是为了避世超尘。但是在各家的茶道文化精神中有一个很大的共同点，那就是和谐、平静，实际上也就是儒家的中庸仁礼。

在儒家学说中，"中庸"是指不偏不倚，既不过分也无不足的理想状态。"中"是指天下的正道，"庸"是指天下的定理，因此又可以说，"不偏之为中"，"不易之为庸"（北宋·程颐），也就是说不偏于一方，不改变常规的行为即为"中庸"。孔子有"君子中庸，小人反中庸。君子之中庸也，君子而时中。小人之反中庸也，小人而无忌惮也"的名言，事实上也是在强调肆无忌惮、不遵循"中庸"原则，是小人所为；只有言行举止处处符合"中庸"的规范，才能称得上是个君子。儒家学说以中和为常道，认为适中是事物的最佳状态。儒生们将这种思想引入到茶道之中，认为茶事活动的环境和所使用的器物应当"朴实古雅去虚华"，从事茶事活动的心态应当"宁静致远隐沉毅"，泡茶的方式应当"酸甜苦涩调太和，掌握迟速量适中"；主张在品饮的过程中营造和谐的氛围，通过品茶活动清醒地审视自己，认识他人，沟通思想，增进友谊。这种清醒、达观、热情、亲和与包容的心态，赋予了儒家茶道精神欢快的格调，而各家茶道精神差不多都是以"中庸"的思想为前提的，因此欢快的格调也就成为了中国茶道文化的主旋律。事实上，在民间的茶礼和茶俗之中，儒家茶道寓教于饮、寓教于乐的欢快精神体现得更为明显。

儒家思想的基础由"仁"和"礼"共同构成。"仁"是道德原则，是内在人格；"礼"是伦理秩序，是外在涵养。在孔子的思想体系中，"仁"和"礼"是相辅相成、不可分割的整体。孔子以及其后的孟子都曾经用房屋的门来比喻"礼"：唯有通过"礼"这道门，人的本质，即"仁"，才能得以在社会上实现；也唯有通过"礼"这道门，"仁"才能由内在的人格转化为外在的涵养；而只有内在的人格转化为外在的涵养之后，"仁"这一人格才真正完整。也就是说，"仁"是一个人成为合格的社会成员所必备的人格，而"礼"则是这种人格表现在社会生活中的唯一的方式，也是这种人格自我完善的唯一方式。"礼"的含义相当广泛，它既是指微观层面上的家人、邻里、朋友、同僚乃至陌生人之间的亲和礼让，也是指宏观层面上的国家与国家、民族与民族之间的和睦、友好和相互包容。中国人看重的尊老爱幼的传统以及兄弟情、夫妻情，朋友情，都体现着"礼"的思想；"以茶待客"的茶道文化也同样是"礼"的思想的具体体现。"以茶待客"是中国的传统习俗。有客来，奉上一杯热茶，是对客人的极大尊重；即使客人不来，也可以茶相送表示情谊。宋人《东京梦华录》中记载，开封人人情高谊，见外地人被欺凌，必会前来救助。如果有新来的外地人住京，或有京城人迁居新舍，邻里都会前来献茶汤，或者请人到家中吃茶，这

叫做"支茶"，是表现友好和关照的意思。后来南宋迁都杭州，又把这种优良传统带到了新都。《梦粱录》中记载："杭城人皆笃高谊……或有新搬移来居止之人，则邻人争相助事，遗献汤茶……相望茶水往来……亦睦邻之道，不可不知。"这种以茶表示和睦、敬意的民间习俗一直流传至今。在现代社会中，茶依旧是待客交友中表达深情厚谊的重要工具：顾客走入宾馆饭店，方一落座，便会有服务员倒茶相迎；社会团体成员座谈，彼此以茶相敬；机关单位新年之际的茶话会上，领导会用茶慰劳辛勤工作了一年的下属。茶在厂矿企业、社会团体、国家机关中也发挥着不可替代的作用。随着茶道日益受到人们的重视，国际、国内的茶文化研讨会竞相举办，既为各地、各国的茶人们交流心得、沟通信息提供了方便，也为相关行业的贸易往来创造了良好的环境，同时还加深了各地、各国的茶人们的友谊，对促进世界的和平与发展具有积极的意义。

儒家的茶味人生

儒学是中国的主体文化，品味人生是茶道与儒学的共同主题。有人品茶"啜苦可励志，咽甘思报国"；有人品茶"天赋识灵草，自然钟野姿"；有人品茶"茶烟一榻拥书眠"。可以说每个人都有自己的感受，每个人都有自己的偏爱，每个人都有自己的追求。儒家与茶道的关系可谓是道心文趣兼备，将二者复杂的关系进行梳理，可大致概括出三种不同的人生境界，即忧患人生、隐逸人生、闲适人生。

儒家的忧患意识根深蒂固，对中国茶道也产生了深刻影响。早在唐代时，卢仝在《茶歌》中写道："山上群仙司下土，地位清高隔风雨。安得知百万亿苍生命，堕在巅崖受辛苦！便为谏议问苍生，到头还得苏息否？"身为平民百姓的卢仝，在品茶时却能联想到朝廷的权贵们如同神仙一般身在高处，看不到世间百姓的苦难，于是大胆地为民请命，向他在朝中做官的好友孟谏议发问，百姓到底能不能真正

得到休养生息？在品茗中，卢仝表现出了中国入世茶人所特有的忧患意识。和卢仝一样具有这种忧国忧民情怀的还有陆游、文天祥、袁高、蔡襄等人，他们在著写的《茶山诗》、《试茶》、《茶录》中，都以茶为喻，呼吁统治阶级应体察民间疾苦。以蔡襄的《试茶》为例，"兔毫紫瓯新，蟹眼清泉煮。雪冻作成花，云闲未垂缕。愿尔池中波，去作人间雨。"作为朝廷命官的蔡襄在监制贡茶时，希望试茶用的一池青水能化为雨露甘霖，洒向人间，使天下百姓都能喝上好茶，这正是表现了儒家所提倡的大爱。

儒家历来提倡大丈夫"达"则居庙堂之上，大展宏图，兼济天下；"穷"则归隐于江湖，茶酒自娱，独善其身。因此，对于大多数儒者来说，隐逸是一种无奈，却也是一种追求。在隐逸生活中，茶是儒者忠实的伴侣。茶能够消解隐逸者心头的怨气。以茶释怨，比借酒浇愁好得多，因为酒过于浓烈，虽然能够得到一时之快，但"抽刀断水水更流，举杯销愁愁更愁。"不但无法释怨，而且有伤身体。而通过饮茶，则可以让平生的不快都随着淡淡的茶香，在不知不觉间消失得无影无踪。茶是生长在深山幽

谷间的珍木灵芽，它的天赋秉性是野和幽，这和隐逸有着天然的契合之处，可以说茶正好和隐者的性格相近，因此历代隐者都将茶视为知己好友，对茶钟爱有加。除了野和幽之外，文人隐士们还特别注重茶的香气与韵味，比如名列"扬州八怪"的汪士慎曾写道"清爱梅花苦爱茶，好逢花候贮灵芽"、"饮时得意写梅花，茶香墨香清可夸"、"一瓯苦茶饮复饮，日日啜茶写梅花"，极言茶的香气之清。人称"梅妻鹤子"的宋代诗人林逋在《烹北苑茶有怀》中写道："石碾轻飞瑟瑟尘，乳花烹出建溪春。人间绝品应难识，闲对《茶经》忆古人。"令茶的高雅之韵一览无余。茶的野、幽、清、高是历代隐士品格风范的标志，同时也成为了他们在隐逸生活中追求的意境。

儒士茶人在品茗中还追求着闲适人生，就是放弃或者暂时淡忘了对人生终极目标的追求，卸下心中时常涌动的期待、渴望、焦虑、忧患等精神负荷，充分享受人生，从而得到一种心理上的暂时平静与自由。闲适人生是为了在苦涩的人生中品味甘甜；在劳累的人生中偷得浮生半日闲；在漫长的人生中，制造一种隽永的情调，让生活多一些情趣。闲适人生要求人们在世俗的生活中创造出饱含诗意与哲理的人生境界，表现为苦中有乐，苦中作乐，苦中能乐，而达到这种境界的途径之一就是品茶。茶、诗、琴、酒是唐代大诗人白居易总结出的闲适人生四大伴侣，茶居首位，足见茶对于闲适人生的重要意义。儒士们品

茗清谈、品茗赏月、品茗对弈、品茗练字，从未停止过在茶中寻求闲适人生。

儒学茶道还以"清"为美，这也升华了中国茶道的美学意境。唯有清于俗尘、清于高洁、清于香馨、清于明哲、两袖清风、清心寡欲，方可脱逸超然，感受自然，寄情山水。

禅茶一味——茶道与佛教

佛教诞生于公元前6世纪和公元前5世纪之间的古印度，传入中国的时间大约在两汉之际。佛教在魏晋南北朝时期得到了传播和发展，进入隋唐后达到了鼎盛，而中国茶道恰恰也是兴起于唐朝。中国茶道的创立者，茶圣陆羽，自幼被智积禅师收养，在竟陵龙盖寺里读经诵佛，成年后又与诗僧皎然相识，并结为了缁素忘年之交，从此"生相知死相随"。在陆羽所著的《自传》和《茶经》中，既有僧人嗜茶的记载，也有颂扬佛教的词章。因此，毫不夸张地说，中国茶道从诞生之初，就与佛教有着紧密的联系，而这种联系最好的表现就是"禅茶一味"。

禅茶一味

最初，茶与佛教的关系仅限于僧人们饮茶而已。然而僧人们很快意识到了茶有着其他饮料不可替代的优势，就开始了茶事活动的实践。这既促进了茶叶生产的发展和制茶技术的进步，也使得越来越多的茶道和佛教在思想内涵上的契合点被不断地发现。

其一曰"苦"

佛理广博精深，但以"四谛"为总纲。所谓"四谛"，即"苦"、"集"、"灭"、"道"，是释迦牟尼成佛后，第一次在鹿野苑所宣讲的佛法。"四谛"以"苦"为首，"苦"即人所承受的痛苦，分为"生"、"老"、"病"、"死"、"怨憎会"、"爱别离"、"求不得"、"五阴炽盛"八种。佛教思想认为，人类生存过程中一切的物质因素和精神因素都会造成人的"苦恼"，只有通过修习佛法，达到大彻大悟的境界，才能从"苦"中解脱出来。茶有着"苦后回甘，苦中有甘"的口感，又有着"苦而寒，阴中之阴，沈（沉）也，降也，最能降火。火为百病，火降则上清"（明·李时珍《本草纲目》）的功效，由这些特点引发的联想能够帮助人们在修习佛法时理解"苦谛"，参悟人生。

其二曰"静"

佛教主静。佛教坐禅时的五调——调心、调身、调食、调息、调睡眠，以及佛学中的"戒、定、慧"三学都是以静为基础的。佛教禅宗也是在"静"中创立的。佛家有著名的"拈花微笑"的故事，据载，"世尊在灵山会上，拈花示众，是时众皆默然，唯迦叶尊者破颜微笑。世尊曰：'吾有正法眼藏，涅槃妙心，实相无相，微妙法门，不立文字，教外别传，付嘱摩柯迦叶。'"就是通过这次"以心传心"，摩柯迦叶成为印度禅宗的初祖。中国禅宗初祖达摩禅师在少林寺面壁九年始大彻大悟，成为"静虑"的典范。后来，达摩欲返回印度，遂仿效佛祖授

法，令众弟子畅谈心得，只有慧可一言不发。达摩认为慧可"得吾神髓"，就将衣钵传给了慧可，立慧可为二祖。三祖僧灿"隐思空山，萧然静坐，继承师讳"。四祖道信"即嗣祖风，摄心无寐"，提倡"闭门坐"。五祖弘忍则强调"栖神山谷，远避嚣尘，养性山中，长辞俗事"。可以说，静坐、静虑是历代禅师们参悟佛理的重要课程。而静也是修习中国茶道的不二法门，中国茶道"四谛"为"和、静、怡、真"，茶人把"静"作为达到心斋坐忘、涤除玄鉴、澄怀味道的必由之路。

其三曰"凡"

"茶之本不过是烧水点茶。"日本茶道宗师千利休此言可谓一语道破天机。茶道本身确实是从细小的生活琐事中演化出来的，而这种从细处着眼参悟天地万物之奥秘和人生百态之哲理的方式，恰恰与佛教通过平凡的小事参悟佛法的主张不谋而合。有这样一个小故事。一天，专门研究佛律的源律禅师来问慧海禅师："和尚你修道用功吗？"慧海答："用功。"问："怎么用功？"慧海答："饿了就吃饭，困了就睡觉。"源律禅师又问："所有人都是饿了吃饭，困了睡觉，难道他们也都和你一样用功吗？"答："不同。"问："为什么不同？"慧海禅师道："他们该吃饭时不好好吃饭，心中百般思索俗事；该睡觉时不肯睡觉，心中千般计较种种得失，所以不同。"源律禅师无言以对。可见禅茶一味，都是从吃饭、睡觉这类平凡小事中去体悟大道。

其四曰"放"

人的苦恼，归根结底是因为"放不下"，所以，佛法特别强调"放下"。近代高僧虚云法师说："修行须放下一切方能入道，否则徒劳无益。要知众生本妙明心，原与诸佛无异，只因无始以来为妄想尘劳百般缠绕，不能显现，所以沉沦苦海，流浪生死，不能出离。诸佛悯之，不得已开示种种修行法门，无非令众生解脱。所谓放下一切，是放下什么呢？内六根、外六尘、中六识，这一十八界都要放下，其他名利、恩爱、毁誉、得失，乃至一切财物、性命都要放下。总之，身心世界都要放下，因为这些都是如梦如幻、如电如泡，无可留恋，执之即成障道因缘。故统要放下，连此放下之念亦无，一放下一切放下，一时放下、永久放下、尽未来际都放下，如此放下干净了、长永了，本妙明心显现，即与诸佛无异。"虚云法师这段开示讲得很清楚。其中所谓"六根"指的是眼、耳、鼻、舌、身、意分别具有的六种功能，是"心所依者"。所谓"六尘"指的是色、声、香、味、触、法六种境界。所谓"六识"即六根对六尘的反映，眼识为见，耳识为闻，舌识为尝，鼻识为嗅，身识为触，意识为思虑。具有认识功能的"六根"、作为认识对象的"六尘"以及由此产生的"六识"总称十八界。十八界放下了，名利、恩怨、得失、财物，甚至生死自然也放下了，这一切的心灵包袱统统放下，人才能获得真正的轻松和自由。怀着这样的心态，眼前纷扰的事物，突然豁然开朗；人世间的沉浮，再也无碍于心。正如《金刚经》一偈云："一切有为法，如梦幻泡影，如露亦如电，应作如是观。"而茶道也与佛教一样，对"放"十分推崇。品茶之时，将一切凡俗事物放在脑后，才能放松紧绷的神经，释放被束缚的心灵；才能涤荡心性，澄澈灵台；才能感受到那淡淡的茶香，领悟到那与禅机一味的茶道真谛。明代"四大高僧"之一的憨山大师曾说："如何是向上，只有个放下，不放下，怎么向上？"品茶也是如此，如何是品茶，只有个放下，背着包袱，抱着包袱，如何品茶？

参悟茶联

要真正理解"禅茶一味"，必须靠自己去体会。这种体会可以通过茶事实践去感受，也可以通过对茶联的品读去参悟。下面的四幅对联或许对理解"禅茶一味"的意境有一定帮助。

茶笋尽禅味，松杉真法音。（苏东坡）

一勺励清心，酌水谁含出世想。半生盟素志，听泉我爱在山声。（招隐寺内茶联）

四大皆空，坐片刻不分你我。两头是路，吃一盏各走东西。（洛阳古道一亭内茶联）

一卷经文，茗霖溪边真慧业。千秋祀典，旗枪风里弄神灵。（江西上饶陆羽泉联）

茶道中的禅语

"石韫玉而山辉，水怀珠而川媚。"中国茶道得佛教文化的滋养，如石蕴玉，如水含珠。在茶道中引用佛典和禅语，往往可以启迪人的慧性，帮助人们加深对茶道内涵的理解，使人在悟道中得到无穷乐趣。下面介绍几则禅语以飨读者。

"吃茶去"是禅宗的一句著名偈子，出自禅宗历代祖师语录《五灯会元》。唐代赵州观音寺高僧从谂禅师，人称"赵州古佛"，他嗜爱茶饮，到了唯茶是求的地步，因而也喜欢用茶来打

机锋。一天，寺里两个新来的僧人前来拜见他，从谂禅师问其中一位："你来过这里吗？"僧人答："来过。"从谂禅师回道："吃茶去。"禅师又问另一位僧人："你来过这里吗？"僧人答说："没来过。""吃茶去。"从谂禅师仍是这句话。见此情景，引领僧人拜见从谂禅师的监院好奇地问："禅师，为何来过的你让他'吃茶去'，未曾来过的你也让他'吃茶去'呢？"从谂禅师依旧对监院说道："吃茶去。"这便是千古禅林法语"吃茶去"的来历。《五灯会元》又记："问：如何是和尚家风？师曰：'饭后三碗茶。'"《景德传灯录》记："晨起洗手面，盥漱了吃茶。吃茶了佛前礼拜，归下去打睡了。起来洗手面，盥漱了吃茶。吃茶了东事西事，上堂吃饭了洗漱，漱洗了吃茶，吃茶了东事西事。"这些都是源自从谂禅师"吃茶去"的公案。禅宗讲究顿悟，认为何时何地何物都能悟道，极平常的事物中也蕴藏着佛理真谛。茶对佛教徒来说，是平常的一种饮料，他们几乎每天必饮之，因而，从谂禅师以"吃茶去"作为悟道的机锋语，对佛教徒来说，既平常又深奥，能否觉悟，则靠自己的灵性了。"吃茶去"三个字，千百年来释义很多，有人说"吃茶去"是引领人去接触、去体验，也有人说这三个字是淡定的心态，无论是行动还是心态，无不体现出禅理深奥。身边有茶，茶中有禅，禅的智慧就隐匿于日常。"吃茶去"作为著名禅机和茶道文化的典故，将"茶道"与"悟道"紧密地联结在一起，追求着所谓"禅茶一味"的境界。

"无"是历代禅僧常写的一个字，也是茶室中常挂的墨宝。"无"成为禅语，源自从谂禅师的"无"字案。从前有一个僧人问从谂禅师："门前那只狗是否有佛性？"发问的僧人心里想，佛经中写道"一切众生皆有佛性"，那么狗自然有佛性，师父

一定会回答"有"。可是从谂禅师的回答却是"无！"从谂禅师是当时著名的得道高僧，不可能不懂得"众生皆有佛性"，他为什么回答"无"呢？这是这段公案的关键所在。其实，从谂禅师所说的"无"不是世俗所说的"无"，而是超越了世俗认为的"有"、"无"之上的"无"，是佛教世界观的反映。讲到"无"，不能不提起五祖传道的典故。禅宗五祖弘忍在传授衣钵前曾召集所有的弟子门人，要他们各自写出他们对佛法的了悟心得，谁写得最好就把衣钵传给谁。弘忍的首座弟子神秀是个饱学高僧，他写道："身是菩提树，心如明镜台。时时勤拂拭，莫使惹尘埃。"弘忍认为这偈文美则美，但尚未悟出佛法真谛。而当时寺中一位烧水小和尚慧能也作了一偈文："菩提本无树，明镜亦非台。本来无一物，何处惹尘埃。"弘忍认为"慧能了悟了"，于是当夜就将达摩祖师留下的袈裟和衣钵传给了慧能，因为慧能明白了"诸性无常，诸法无我，涅槃寂静"的佛法真谛。只有认识了世界"本来无一物"，才能进一步认识到"无一物中物尽藏，有花有月有楼台"。茶学界普遍认为，只有了悟了"无"的境界，才能创造出"禅茶一味"的真境。"无"是茶道艺术的源泉。

"平常心是道"出自禅宗历代祖师语录《五灯会元》卷四。赵州从谂禅师在修行之初问师父南泉普愿："什么是道？"南泉说："平常心是道。"这一禅语后来广为流传。关于"平常心是道"，唐代著名禅师马祖道一也曾说："道不用修，但莫染污。何为染污？但有生死心，造作趋向，皆是染污。若欲直会其道，平常心是道。何为平常心？无造作、无是非、无取舍、无断常，平凡无圣。""平常心是道"是指要把"应该这样做，不应该那样做"等等按世俗常规去办事的主观能动之心彻底忘记，而保

持一个毫无造作、不浮不躁、不卑不亢、不贪不嗔的虚静之心。其实，茶道也和禅宗一样，通过提倡"平常心是道"强调随性适意，安闲无为。日常生活中处处有禅，事事有道。"平常心是道"还体现了禅宗与茶道直面大千世界，用心去拥抱大自然的态度。《五灯会元》卷四还记载，有人问长沙景岑禅师"什么是平常心"。禅师答道："要眠即眠，要坐即坐。"那人又问："我还是不明白这句话的含义。"景岑禅师道："热了可以去纳凉，冷了就去烤火。""平常心是道"就是不为心中的欲念驱使，不受心中故有理念的束缚，不做心的奴隶，进而达到超然脱俗的自由境界。

"直心是道场"出自《维摩经·菩萨品第四》。茶道界把茶室视为修心悟道的道场。据该经记载，有一天，光严童子决心离开喧闹的城市，去寻求适于修行的清净场所。他快要出城时，正巧遇到维摩诘居士。于是，光严童子就问维摩诘居士："你从哪里来？""我从道场来。""道场在哪里？""直心是道场。"听到维摩诘居士讲"直心是道场"，光严童子恍然大悟。既然"直心是道场"，那又何必离开喧闹的城市去寻找清静的修身之所呢？"直心"即纯洁清静之心，要抛弃一切烦恼，灭绝一切妄念，存无杂之心。有了"直心"，在任何地方都可以修心，若无"直心"，就是在最清静的深山古刹中也修不出正果。维摩诘是与佛祖同时代的著名居士，他妻妾众多，资财无数，一方面潇洒人生，游戏风尘，享尽世间富贵，一方面又精悉佛理，崇佛向道，修成了救世菩萨，在佛教界被喻为"火中生莲花"。茶道认为现实世界即理想世界，求道、证道、悟道在现实中就可进行，解脱也只能在现实中去实现。"直心是道场"遂成为茶人喜爱的座右铭。

　　"万古长空，一朝风月"典出《五灯会元》卷二。有僧人问崇慧禅师："达摩祖师尚未来中国时，中国有没有佛法？"崇慧说："尚未来时的事暂且不论，如今的事怎么做？"僧人不懂，又问："我实在不领会，请大师指点。"崇慧禅师说："万古长空，一朝风月。"隐指佛法与天地同存，不依达摩来否而变，而禅悟则是每个人自己的事，修佛之人应该着眼于自身，着眼于现实，而不用管达摩来否。茶道也是这个道理。

　　"月印千江水"典出《五灯会元》卷十四。一僧人问道隐禅师："什么是成佛之路？"道隐道："神妙地指示着人的灵机的，就是那碧波澄澈的秋水中映着的月亮。"僧人又问："三家同时来邀请，不知去谁家才好？"道隐回答说："月印千江水，门门尽有僧。"茶道精神正如禅宗的义理一般，"月印千江水"，普照大千世界，谁领悟了，谁就能"见性成佛"。

天人合———茶道与道教

　　道家为中国茶道注入了"天人合一"的哲学思想，赋予了中国茶道的灵魂。同时，道家对生命的热爱和崇尚自然、朴素、纯真的美学理念都对中国茶道产生了积极影响。

天人合一

　　道家经典《道德经·第四十二章》记载："道生一，一生二，二生三，三生万物。万物负阴而抱阳，冲气以为和。"这是老子的宇宙观，也是中国古代哲学的精髓。战国末年的《易传》继承了老子的这种思想，明确提出了"天人合一"的理念。唐人陆羽著《茶经》时，吸收了道家思想的精华，把"天人合一"的理念融入到茶道中，使之成为中国茶道的灵魂。

　　所谓"天人合一"，包括"人化的自然"和"自然的人化"。

　　人化的自然，在茶道中表现为人对自然的回归渴望，以及人对"道"的体认。具体地说，人化的自然表现为在品茶时乐于与自然亲近，在思想情感上能与自然交流，在人格上能与自然相比拟并通过茶事实践去体悟自然的规律。道家中有个广为流传的故事——"庄周梦蝶"。一天，庄子（即庄周）做了一个梦，梦到自己化为了一只蝴蝶。这只蝴蝶翩翩起舞，怡然自得。梦醒后，庄子怎么也参悟不透是自己梦到自己变成了蝴蝶，还是蝴蝶梦到它自己变成了庄子。作为战国时期道家学派代表人物的庄子继承了"天人合一"的思想，认为通过"心斋"、"坐忘"

可以达到"无己"的境界，即从精神上泯灭物我的差别，达到"独与天地精神往来"的相忘境界。这种人化的自然，是道家"天地与我并生，而万物与我唯

一"思想的典型表现。而中国茶道对"人化的自然"的渴求也特别强烈，具体表现为茶人们在品茶时追求寄情于山水，忘情于山水，心融于山水的境界。比如元好问所作的《茗饮》一诗，就是"天人合一"思想在品茗时的具体体现："宿醒来破厌觥船，紫笋分封入晓前。槐火石泉寒食后，鬓丝禅榻落花前。一瓯春露香能永，万里清风意已便。邂逅化胥犹可到，蓬莱未拟问群仙。"诗人以槐火石泉煎茶，对着落花品茗，一杯春露一样的茶能在诗人心中永久留香，而万里清风则送诗人梦游华胥国，并羽化成仙，神游蓬莱三山，这可视为是人化的自然之极致。我们讲的"人化的自然"是指茶人们超越人类自身的生物学局限，突破物我的界限，用身心去领会大自然的生命、气势和力量。茶人们也只有达到"人化的自然"的境界，才能化自然的品格为自己的品格，才能从茶壶水沸声中听到自然的呼吸，才能以自己的"天性自然"去接近和契合客体的自然，才能彻悟茶道、天道、人道。

自然的人化是指自然界万物的人格化、人性化。中国茶道吸收了道家的思想，把自然的万物都看成是具有人的品格、人的情感，并能与人在精神上相互沟通的生命体，所以在中国茶人的眼里，大自然的一山一水、一石一沙、一草一木都显得格外可爱，格外亲切。在此处，自然的人化不仅表现在山水草木等品茗环境的人化，而且也包含了茶以及茶具的人化。茶境的人化，平添了茶人品茶的情趣。如曹松（晚唐诗人）品茶"靠月坐苍山"，郑板桥（清代画家）品茶时邀请"一片青山入座"，陆龟蒙（唐代农学家、文学家）品茶"绮席风开照露晴"，李郢（晚唐诗人）品茶"如云正护幽人堑"，齐己（唐末五代诗僧）品茶"谷前初晴叫杜鹃"，曹雪芹（清代小说家）品茶"金笼鹦鹉唤茶汤"，白居易（唐代大诗人）品茶"野麝林鹤是交游"。在茶人眼里，月有情，山有情，风有情，云有情，大自然的一切都是茶人的好朋友。诗圣杜甫的一首品茗诗这样写道："落日平台上，春风啜茗时。石阑斜点笔，桐叶坐题诗。翡翠鸣衣桁，蜻蜓立钓丝。自逢今日兴，来往亦无期。"全诗的大意是：黄昏的落日从平台上依依不舍地告别了我，在夕阳的余晖和春风的吹拂下，我坐在梧桐的绿荫里品茗题诗；翡翠般漂亮的小鸟在旁边歌唱助兴，蜻蜓静立在钓竿上出神，今日高兴的重逢之后，它们没准还会伴我品茗题诗。该诗将"人化的自然"和"自然的人化"相结合，情景交融、动静结合、声色并茂、虚实相生，使我们仿佛看到了落日余晖下品茗题诗的诗人。在茶的人化方面，对茶感情最深，描写最出色的要属苏东坡。苏东坡把茶比作山中高士，还为茶起了个名字叫"叶嘉"（叶嘉即嘉叶，意为茶叶嘉美），用拟人手法写了一篇千古奇文《叶嘉传》，塑造了一个胸怀大志、威武不屈、敢于直谏、忠心报国的叶嘉形象。叶嘉，"少植节操"，"容貌如铁，资质刚劲"，"研味经史，志图挺立"，"风味恬淡，清白可爱"，"有济世之才"，"竭力许国，不为身计"，可谓德才兼备。关于茶具的人化，最著名的就是南宋的审安老人的作品。他所著的《茶具图赞》，以拟人手法赋予茶具姓名、字、雅号，还为其封了"官名"，令人倍感生动有趣。例如，他把竹制茶炉称为"韦鸿胪"，鸿胪是掌管礼仪的官名，茶炉以此为名，礼仪之义隐含其中；姓"韦"表明此物乃竹子编制而成，"胪"与"炉"谐音，暗喻"竹炉"之意。

道家把"天人合一"的哲学思想融入到茶道中，使中国茶人心里充满了对大自然的无比热爱以及回归自然、亲近自然的渴望，进而获得了"物我玄会"的绝妙感受。

茶道中的道家理念

道家思想广泛地渗透到了中国传统文化的各个方面。虽然在中国历史上，道家的著名茶人不如儒佛两家多，但道家思想对茶道的影响却也非常深刻。具体来说，茶道中的道家理念有尊人、贵生、坐忘、无己以及道法自然等几个方面。

《道德经·第二十五章》中说："故道大，天大，地大，人亦大。域中有四大，而人居其一焉。"道家将人与道、天、地并列为"四大"，希望人能自觉地把握道之根本，认识天地，以人道顺应、契合天道，唯道是从，这也就是道家的"尊人"思想。所以茶人之为人，宜自尊其尊，自贵其贵，自重其重，时时处处表现出自爱自信的精神。"尊人"思想也常表现于茶人对茶具的命名以及对茶的认识上。茶人们习惯于把有托盘的盖杯称为"三才杯"：杯托为"地"，杯盖为"天"，杯子为"人"，意思是天大、地大、人更大。如果连杯子、托盘、杯盖一同端起来品茗，这种拿杯方式就被称为"三才合一"；如果仅用杯子喝茶，杯托、杯盖都放在茶桌上，就被称为"唯我独尊"。

"贵生"是道家为中国茶道注入的功利主义思想，中国茶道也正是因为受到这种"贵生"、"养生"、"乐生"思想的影响，才提高了对茶的保健养生、怡情养性之功效的重视。道家品茶主要是从借茶养生、借茶修行的目的出发，并不讲究太多的规矩。"一枪茶，二旗茶，休献机

心名利家，无眠为作差。无为茶，自然茶，天赐休心与道家，无眠功行加。"道教全真派北七真之一，丹阳子马钰所作的这首《长思仙·茶》道尽了道家品茶与醉心名利的世俗之人品茶的区别：贪图功名利禄者饮茶会导致失眠；而修道之人则可以通过饮茶除解烦忧、暂别红尘，因而视茶事为乐事，视茶为上天所赐的玉露琼浆。名列道教金丹派南宗五祖之一的白玉蟾也曾作《水调歌头·咏茶》，表现了修道之人在烹茶品饮时的怡然自得和轻松欢畅："二月一番雨，昨夜一声雷。枪旗争展，建溪春色占先魁。采取枝头雀舌，带露和烟捣碎，炼作紫金堆。碾破春无限，飞起绿尘埃。汲新泉，烹活火，试将来，放下兔毫瓯子，滋味舌头回。唤醒青州从事，战退睡魔百万，梦不到阳台。两腋清风起，我欲上蓬莱。"

　　"坐忘"是道家为了要在茶道上达到"至虚极，守静笃"的境界而提出的致静法门。《道德经·第十六章》说："致虚极，守静笃，万物并作，吾以观复。夫物芸芸，各复归其根，归根曰静，是谓复命，复命曰常，知常曰明。不知常，妄作凶。"意思是说致虚达到了极点，守静达到了纯笃，万物就会相并发，我可以从中观察到它们的归宿；万物苗壮成长后，各自归于他们的根底，这称之为"静"，"静"是复原生命，复原生命叫做规律，了解这一规律叫做明白；如果不了解这一规律就一定有凶险。受老子思想的影响，中国茶道把"静"视为了"四谛"之一。"坐忘"即是道家通过品茗入静，达到"一私不留、一尘不染、一妄不存、一相不着"的空灵境界的法门，就是在从事茶道活动之时，有意识地摒除杂念，渐渐地将外界的一切事物，乃至自身形体的存在统统"忘却"，从而使"自我"与"大道"合而为一。通过这种方式，可以消除"物"与"我"之间的隔阂，使人与自然相互沟通，进而使"涤除玄鉴"的审美观得以实现。

不拘名教、纯由自然、旷达逍遥，这既是道家的处世态度，也是中国茶人的处世之道。"至人无己，神人无功，圣人无名"（《庄子·逍遥游》），道家思想中的"无己"在中国茶道之中的反映，就是"无我"境界，即在精神层面上消融掉"物"与"我"之间的对立，从而达到契合自然、心纳万物的境界。"无我"是茶道的最高境界。近年来大陆和台湾多次联合举办的吸引了日本、韩国茶人积极参与的"无我"茶会，便是追求这一境界的又一有益尝试。

《道德经·第二十五章》说："人法地，地法天，天法道，道法自然。"也就是说人居天地间四大之一，必须顺应自然规律。人首先要效法于地，而地要效法于天，道要效法于自然，这四者层层递进，突出强调了"自然"是道最高的准则和最本质的特性。而中国茶道强调的"道法自然"，包含了物质、行为、精神三个方面。在物质方面，茶道认为，"茶是南方之嘉木"，是大自然恩赐的珍木灵芽，在种茶、采茶、制茶时必须顺应大自然的规律才能生产出好茶；在行为方面，茶道讲究在茶事活动中一切要以自然为美，以朴实为美，动则如行云流水，静则如山岳磐石，笑则如春花盛开，言则如山泉吟诉，一举手，一投足，一颦一笑都应发自自然，毫不矫揉造作；在精神方面，"道法自然"表现为自己的心性得到完全解放，使自己的心境清静、恬淡、寂寞、无为，使自己的心灵随着茶香的弥漫与宇宙融合，升华到"无我"的境界。

五 中国茶道派生

在中国茶道的发展历史中有三个必不可少的元素，即茶宴、斗茶和茶馆。文人高僧对茶宴、斗茶的推崇促进了茶道的繁荣，茶道的繁荣又促进了茶馆的普及。

茶宴

茶宴亦称茶会，是一种以茶代酒，设宴款待宾客的方式。茶宴始于南北朝时期，在唐代开始盛行，在宋代达到鼎盛。

早在三国时期（220—280），我国就已经出现了茶宴的雏形，即"密赐茶以当酒"，也就是以茶待客的形式。但"茶宴"一词正式出现，则是在南北朝时期（最早见于山谦之所著的《吴兴记》）。

茶宴得以正式化是在唐代。名列"大历十才子"之一的唐代诗人钱起就曾在《与赵莒茶宴》中写下"竹下忘言对紫茶，全胜羽客醉流霞。尘心洗尽兴难尽，一树蝉声片影斜"的诗句。当时的茶宴中规模和名气最大的要数湖州和常州交界处的顾渚山茶宴。在唐代，湖州的紫笋茶和常州的阳羡茶均属贡茶之列，于是

每年早春采茶之时，湖州和常州的太守都会在顾渚山大摆茶宴。在茶宴上，各界名流和业内专家一同对贡茶进行品饮，同时鉴赏精美的茶具、欣赏优美的风光。这种风俗历代相沿，到宋代时更因产茶区的扩大和制茶方式的发展而进一步盛行起来。

在不同的场合中，茶宴的规模也有所不同。宫廷茶宴多在华贵绝伦的皇宫内举行，不仅茶叶是明前佳贡，茶具是名贵瓷器，所用的水也是清泉净流，样样极尽精细稀有。其气氛之肃穆，礼节之严格，也是其他茶宴无法相比的。宫廷茶宴的全过程包含着迎送、庆贺、叙谊、观景等一系列仪式。首先是近侍施礼布茶，随即皇帝带领群臣闻、品香茗，而后群臣赞茶谢恩、彼此祝贺……整个过程以"茶"贯穿始终。

寺院中的僧侣之间举行的茶宴也有一定的仪式。一般是众僧围坐，住持高僧依照特定的程序泡茶，以示恭敬，而后由近侍将茶分献给众僧；众僧打开盖碗，闻香观色，而后品味，并须发出"啧啧"之声，以示对茶叶品质和住持泡沏技艺的称赞；在此之后，即开始评论茶事、议事叙谊、参禅颂经等活动。

除此之外，还有三五好友相聚一处品茶倾谈的茶宴，宋代的太学生茶会就是这种形式中较有代表性的一类。北宋朱彧在《萍洲可谈》中写道，"太学生每有茶会，轮日于讲堂集茶，无不毕至者，因以询问乡里消息"，因此太学生茶会也堪称现代大学同乡联谊会的鼻祖了。

斗茶

斗茶，唐称"茗战"，宋称"斗茗"，是我国古代一种风雅有趣的休闲茶道文化，据考在贡茶之地——建安兴起。唐朝时，建安是朝廷指定的贡茶基地。为了遴选出优质的贡茶，茶农、茶客们年年都要在新茶制成之后聚集在一起，通过比赛评定出新茶的优劣，这种比赛颇具趣味性和挑战性。斗茶比赛的胜败，就像今天的足球、篮球比赛的胜败一样牵动人心。此后，斗茶逐渐由造茶者处传入卖茶者中，进而成为了普通百姓的活动。南宋画家刘松年的《茗园赌市图》描绘出了当时老人、妇女、儿童、挑夫、贩夫、商人……各色人等自带器具，一面品饮一面夸自己的茶香的场面，可以说是当时斗茶深入百姓日常生活的生动记录。

斗茶的参与者都是饮茶爱好者们的自由组合，少则五六人、多则十余人，既可二人捉对，也可多人共斗。斗茶的时间多选在新茶初出，便于取材的清明时节前后。斗茶场所的选择并无固定的规矩，好此道的街坊、工友凑在一起谈起茶事，大可就地而斗；若是家中有间净洁雅致的内室或一方花木扶疏的庭院，亦可在家中斗茶。多数情况下，斗茶会在规模较大的茶叶店举行。这些店铺大多分为前后两进，宽敞的前厅多用来做店面，较狭小的后厅则多设为厨房，以便煮茶，亦有后厅兼设卧房，供店主家人居住。斗茶若是发生在街头巷尾，必会引得许多街坊邻里们前来围观；若是发生在茶叶店，则不但当时在茶叶店的顾客要一睹为快，就连附近店铺的老板伙计都会轮流前来看热闹。

斗茶的胜负，主要从两个方面进行评判，一是"汤色"，即茶汤

▲宋代的斗茶街景

的色泽；二是"汤花"，即茶汤表面泛起的泡沫。汤色纯白，说明所用的茶叶鲜嫩，蒸制的火候也恰到好处；汤色泛青，说明蒸制火候未足；汤色泛灰，说明蒸制火候已过；汤色泛黄，说明茶叶的采摘不够及时；汤色泛红，则说明焙炒茶叶时火候太老。因此汤色以纯白为最佳，其下依次为青白、灰白、黄白……汤花的评判又分为两个方面，即汤花的色泽和汤花泛起之后水痕出现的时间。汤花的色泽与汤色密切相关，因此评判标准也和汤色的评判标准相同。汤花散去后，茶汤液面与茶盏相接的部位会出现一道茶色的水线，这就是水痕，水痕出现较晚者为优，出现过早者为劣。最佳效果是汤花细而匀，像"冷粥面"一样紧紧地咬住茶盏，久聚不散，从而使水痕出现得较晚；而汤花不能咬盏，很快散去，使水痕很快露出者则是最差的效果。

后来，斗茶的内容有所扩充，除了斗茶品，又增加了行茶令、茶百戏两项。

斗茶品仅限于对茶本身的品评，而在其基础上发展出来的行茶令则是一种"品文斗茶"——先品文，后品茶，文茶交替的活动，别有一番情趣。《中国风俗辞典》中称："茶令流行于江南地区。饮茶时以一人为令官，饮者皆听其号令，令官出难题，要求各人解答或执行，做不到者以茶为赏罚。"文人们所行的茶令多为联句，也就是作诗"接龙"。诗句作成者为胜，可以饮茶；作不出者为负，只能闻茶，不能品饮。唐代著名的茶诗《五言月夜啜茶联句》就是在一次群贤毕至的茶会上，与会者以茶为题联句而成的。这次茶会举行于唐代的贡茶基地阳羡，与会的六人都是当时的名士，他们留下了名句"泛花邀坐客，代饮引清言。（陆士修）醒酒宜华席，留僧想独园。（张荐）不须攀月桂，何假树庭萱。（李萼）御史秋风劲，尚书北斗尊。（崔万）

流华净肌骨，疏瀹涤心原。（颜真卿）不似春醪醉，何辞绿菽繁。（皎然）素瓷传静夜，芳气满闲轩。（陆士修）"同时他们也开创了中国古代行茶令的先河。

茶令在宋时也颇为流行，宋代金石学家赵明诚与妻子著名词人李清照就常用行茶令的形式饮茶助学，堪称佳话。李清照在《金石录后序》中记述："余性偶强记，每饭罢，坐归来堂，烹茶，指堆积书史，言某事在某书、某卷、第几页、第几行，以中否角胜负，为饮茶先后，中，即举杯大笑，至茶倾覆杯中，反不得饮而起……"茶令为他们的书斋生活增添了无穷乐趣。现代著名作家钱钟书和妻子杨绛也喜欢在书斋中行茶令，钱钟书先生在《槐聚诗存》中曾写道"翻书赌茗相随老，安稳坚牢祝此身。"现代茶会的气氛更加活跃，也更加简单随意，除了把行茶令简化成联句接龙游戏之外，还增加了击鼓传花、竞猜谜语等游戏。亲人团圆、朋友小聚时品茗行令、联句猜谜，既可沟通感情，又可增长知识。

茶百戏又称分茶、汤戏、茶戏、水丹青等，是指在点茶时使茶汁的纹脉形成物象的高超技艺。

茶百戏不是寻常的品茗，也不同于普通的斗茶，而是一种独特的烹茶游艺，绝非一般的玩耍，宋代文人曾将茶百戏与琴棋书画等艺并列。北宋陶谷曾在《祥茗录》中记载："近世有下汤运匕，别施妙诀，使汤纹水脉成物象者。禽兽虫鱼花属，纤巧如画。但须臾就散灭，此茶之变也，时人谓茶百戏。"可以想象，要使茶的汤花在转瞬即灭的刹那，显示出瑰丽多变的景象，需要非常高的技艺。据《问俗》记载，茶百戏通常有两种方法：一是"搅"，因为这能与汤面直接接触，较易掌握；二是"注"，指单手提壶，将沸水由上而下注入到放好茶末的茶盏中，使盏内立即形成变化多端的景象。这种直接"注"出汤花来的手法一般人很难把握，所以此法又被人称为"茶匠通神之艺也"。

茶馆

早在晋代时，我国已经出现了将茶水作为商品进行销售的商业行为。《广陵耆老传》中记载："晋元帝时有老姥，每日独提一器茗，往市鬻之，市人竞买。"不过，此时做售卖茶水生意的还仅限于流动摊贩，他们的经营项目也仅有为人们提供解渴的饮料一项。因此，这种经营模式被称作"茶摊"而非"茶馆"。

"茶摊"转变为正式"茶馆"的时间，应在唐玄宗开元年间（713—741）。唐玄宗天宝十五年（756），进士及第的封演在其所著的《封氏闻见记》中记载："开元中，泰山灵岩寺有降魔师，大兴禅教。学禅务于不寐，又不夕食，皆许其饮茶。人自怀夹，到处煮饮，从此转相仿效，遂成风俗。自邹、齐、沧、棣，渐至京邑，城市多开店铺，煎茶卖之。不问道俗，投钱取饮。"这种"店铺"的出现，标志着茶馆雏形的诞生。而据《旧唐书·王涯传》中"涯等苍惶步出，至永昌里茶肆，为禁兵所擒"的记载，说明在唐文宗太和九年（835）之前，正式的茶馆就已经出现了。中唐时期，政治局势相对稳定，社会经济也比较繁荣，为茶馆的快速发展提供了物质条件；而陆羽《茶经》的问世，又使饮茶成为了全社会的风俗。在这两个有利条件的推动下，茶馆在江南产茶区迅速普及，并传入了北方的城市中。此时的茶馆已经在售卖饮料之余，兼具了提供休息场所和供应食物的功能。

　　茶馆在宋代时进入了兴盛期。在孟元老所著的，描述北宋都城汴京（即今开封）风貌的《东京梦华录》中，有关于当时茶肆形象的记载："又东十字大街，曰从行裹角，茶坊每五更点灯，博易买卖衣服图画、花环领抹之类，至晓即散，谓之鬼市子。……归曹门街，北山于茶坊内，有仙洞、仙桥，仕女往往夜游吃茶于彼。"在北宋画家张择端的名画《清明上河图》所描绘的商贾云集、百业俱兴、高度繁荣的汴京城中，亦可见到许多的茶馆。靖康之变后，宋室南迁，将临安（即今杭州）作为新的都城。在统治阶级骄奢淫逸之风的影响下，茶馆在本就是产茶地的临安得到了进一步的发展。当时的临安城茶坊遍布，各个"刻花架，安顿奇松异桧等物于其上，装饰店面，敲打响盏歌卖"（南宋·吴自牧《梦粱录》），大茶坊更是"张挂名人书画……多有都人子弟占此会聚，习学乐器或唱叫之类，谓之挂牌儿"（南宋·耐得翁《都城纪胜》）。此时的茶馆已经成为了兼售茶水、食品，为人们提供了休息闲聊、洽谈生意、举行行业聚会等活动的场所，同时还举行各种演艺活动，可谓是多种功能于一身。

　　明清两代，随着社会经济的发展，市民阶层不断扩大。广大的市民阶层在物质生活比较富足的基础上，对娱乐生活的需求大幅提高。于是，茶馆以其集餐饮、社交、休闲、娱乐等功能于一身的优势，逐渐成为了各类大众活动场所中的佼佼者。这使得茶馆得到了进一步的发展，不但功能更加丰富，形式也更加多样化。

　　近现代的中国战乱频仍，人民贫困，茶馆也因此急速衰落。而自新中国建立以来，尤其是近二三十年间，中国的经济高速发展，人民的物质生活条件得到了大幅改善，因而逐渐恢复了对精神生活的重视。茶馆也由此走上了复兴之路，逐渐成为了人们进行文娱活动的重要场所之一。

第五章

览其情

茶凝聚着天地精华，诠释着宁静豁达。知茶、爱茶、懂茶的人能在情之深处，物我交融时得其趣、得其情、得其神，能在漫长的时间里创造出茶香弥漫的璀璨茶文化，使后人得以于茶书、茶诗、茶词、茶画、茶歌、茶舞、茶戏、茶俗中一览茶的万种风情。

一 历代茶书

自唐代陆羽撰写了世界上第一部茶书《茶经》一直到清末，其间中国出了许多茶书，茶书记载了有关茶的多样风情以及不同茶品、茶境给人带来的感悟。

唐代茶书

唐代陆羽所著的《茶经》开创了古人编著茶书的先河，《茶经》全面总结记录了唐及唐以前的茶事，全书共分十章：一之源、二之具、三之造、四之器、五之煮、六之饮、七之事、八之出、九之略、十之图。这是中国古代最完备的一部茶书，详细地搜集了历代茶叶资料，并记述了作者本人调查研究的结果，直到今天，其内容仍然值得借鉴和学习。

唐代的茶书除陆羽的《茶经》外，还有一些优秀著作，如曾任湖州刺史的裴汶所著的《茶述》、温庭筠所著的《采茶录》、王敷所著的《茶酒沦》、张又新所著的《煎茶水记》、苏廙所著的《十六汤品》等。《茶述》的原书已佚，今仅能通过清代陆廷灿所著的《续茶经》中辑录的只言片语对其管窥一二。《采

茶录》更是早在北宋时即已散佚，今仅能通过《说郛》和《古今图书集成·经济汇编·食货典》中获知该书包含辨、嗜、易、苦和致五类六则。《茶酒论》也曾在历史上绝迹了相当长的时间，后来它与敦煌壁文和其他唐人手写古籍一同被人们发现，才使人们重新认识了它。在《茶酒论》中，茶与酒各执一词，通过多种角度来标榜自己的功效。《煎茶水记》是针对煎茶所用的水进行记述和评论的专著，张又新在书中提出了"夫茶烹于所产处，无不佳也，盖水

▲唐代茶书——苏廙《十六汤品》书影

土之宜。离其处，水功其半，然善烹洁器，全其功也"的观点。《十六汤品》则用不同的评判标准，将煎汤分为十六品，即以煎汤的老嫩为标准分为得一汤、婴汤、百寿汤三品，以注汤的缓急为标准分为中汤、断脉汤、大壮汤三品，以贮汤的器皿为标准分为富贵汤、秀碧汤、压一汤、缠口汤、减价汤五品，以煮汤的薪火为标准分为法律汤、一面汤、宵人汤、贼汤、大魔汤五品。

宋代茶书

北宋时期的皇帝宋徽宗，虽然治国无方，但却多才多艺，琴、棋、书、画样样精通，同时对茶也颇有研究。他亲自编著的《大观茶论》是一部综合性茶书，对茶的产制、烹试品鉴等方面叙述详细。全书主要内容共分天时、地产、采择、蒸压、制造、鉴辨、白茶、罗、碾、筅、杓、盏、瓶、水、味、点、香

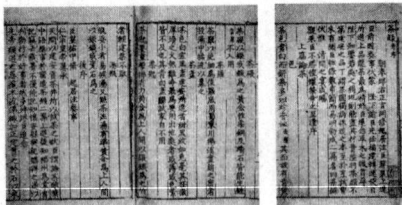
宋代茶书书影

色、品名、藏焙、外焙20目。书中指出点茶及罗、碾、盏、筅的选择与应用颇为讲究，认为"撷茶以黎明，见日则止。用爪断芽，不以指揉"。指出茶的制造要"茶之美恶，尤系于蒸芽压黄之得失……蒸芽欲及熟而香，压黄欲膏尽亟止"。提出茶的品尝要"茶以味为上，甘香重滑、为味之全……卓绝之品，真香灵，自然不同"。

除了皇帝亲著的《大观茶论》外，许多参与制造贡茶的官员也积极著书。宋代贡茶产地从浙江湖州的顾渚转移到了福建建安的北苑，因此记述北苑贡茶的茶书也多了起来，如丁谓所著的《北苑茶录》、熊蕃所著的《宣和北苑贡茶录》、赵汝砺所著的《北苑别录》、宋子安所著的《东溪试茶录》。丁谓字谓之，苏州长洲（今江苏苏州）人，曾担任福建路转运使，主持北苑官焙贡茶的工作。《北苑茶录》今已散佚，仅有数条佚文被辑存于《事物纪源》、《东溪试茶录》和《宣和北苑贡茶录》之中。熊蕃，字叔茂，建阳（今属福建）人，他所著的《宣和北苑贡茶录》是目前唯一可以用于考证当时贡茶体制的古籍。在该书中，不仅有对北苑贡茶的沿革和种类的详细记述，更录有北苑贡茶茶模的图案和尺寸。熊蕃之子熊克在该书中附了38幅图，并在该书篇末附录了熊蕃所作的《御苑采茶歌》十首。赵汝砺曾担任福建路转运司的主管账司，对北苑贡茶颇有研究。他认为熊蕃所著的《宣和北苑贡茶录》"纪贡事之原委，与创作之更沿，固要且备矣。惟水数有赢缩，火候有淹亟、纲次有先后、品色有多寡，亦不可以或阙"，因此本着对《宣和北苑贡茶录》加以

补充的目的撰写了《北苑别录》。宋子安同样称自己撰写《东溪试茶录》的目的是"集拾丁、蔡之遗"，即对丁谓所著的《北苑茶录》和蔡襄所著的《茶录》加以补充。《东溪试茶录》的主要内容分为八目，即焙茗、北苑、佛岭、沙溪、壑源、茶名、采茶、茶病。其中的茶名目介绍了白叶茶、柑叶茶、细味茶、稽茶、早茶、晚茶、丛茶这七种茶的区别；采茶目介绍了采摘茶叶的方法和时间上的要求；茶病目介绍了不合理的采制法对茶的品质造成的损害和合理的采制茶的方法。

另外，宋代饮茶由煎煮法发展成了烹点法，盛行"斗茶"，所以烹点方法和茶具的制作选用就显得尤为突出，因而出现了很多专门记载烹点技艺、茶具器皿以及赋税茶法等专题类的茶书。如《茶录》，作者蔡襄，字君谟，兴化仙游（今福建仙游）人，是中国书法史上著名的"宋四家"之一，曾任福建路转运使。《茶录》全书不足800字，分上下两篇，上篇分色、香、味、藏茶、炙茶、碾茶、罗茶、候汤、熁盏、点茶十目对"茶"进行论述，下篇分茶焙、茶笼、砧椎、茶钤、茶碾、茶罗、茶盏、茶匙、汤瓶九目对"器"进行论述。蔡襄认为"陆羽《茶经》不第建安之品，丁渭《茶图》独论采造之本，至于烹试，曾未有闻"，因此才以对烹饮茶汤的方法和所用器具的论述为主要内容，撰写了《茶录》。《品茶要录》，作者黄儒，字道辅，北宋建安人。《品茶要录》约1900字，前有总论、后有后论各一篇，中间主要叙述在采制茶叶的过程中容易出现的问题，分为采造过时、白合盗叶、入杂、蒸不熟、过熟、焦釜、压黄、渍膏、伤焙、辨壑源沙溪等十目。书后附有苏轼《书黄道辅<品茶要录>后》一篇，评黄儒"作《品茶要录》十篇，委曲微妙，皆陆鸿渐以来论茶者所未及……今道辅无所发其辩而寓之于茶，为世外淡泊之好，以此高韵辅精理者"。《茶目图赞》，可能系南宋文人戏作（作者署名为审安老人，但真实姓名和生平事迹不详），书中绘制了12种宋代茶具，并分别附有赞语，还借用官职名称为它们一一命名。此书对研究古代茶具形制的演变具有很高的参考价值。《本朝茶法》，作者沈括，字存中，浙江钱塘（今浙江杭州）人，学识广博，著有《梦溪笔谈》、《长兴集》、《良方》等书，《本朝茶法》是《梦溪笔谈》第十二卷中的第八、第九两条，主要是对宋代茶税和榷茶的记述。

元明茶书

　　元代饮茶崇尚简约之风，茶书数量锐减，流传于世的更是少之又少。但到了明代，我国又进入了一个盛产茶书的时期，二百多年的时间里出书68种，其中现存33种、辑佚6种、已佚29种。

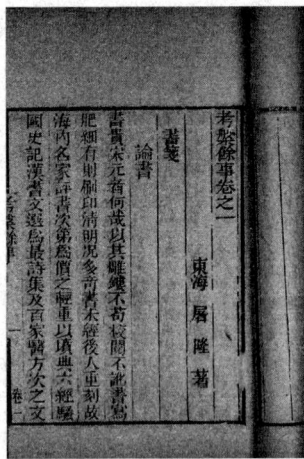

▲明代茶书——屠隆《考盘余事》书影

其中较为著名的有许次纾所著的《茶疏》、张源所著的《茶录》、钱椿年所著的《茶谱》、陆树声所著的《茶寮记》、屠隆所著的《茶说》、罗廪所著的《茶解》。许次纾，明代浙江钱塘（今浙江杭州）人，其诗文风格清丽，好品泉烹茶、收藏奇石，所著《茶疏》的内容共分36则，即产茶、采摘、炒茶、齐中制法、今古制法、置顿、收藏、取用、包裹、口用置顿、择水、舀水、贮水、煮水

器、火候、烹点、秤量、汤候、瓯注、荡涤、饮啜、论客、茶所、洗茶、童子、饮时、宜辍、不宜用、不宜近、良友、出游、权宜、虎林水、宜节、辨讹和考本。张源，字伯渊，明代江苏包山（今江苏苏州西山镇）人，所著《茶录》包括采茶、造茶、辨茶、藏茶、火候、汤辨、汤用老嫩、泡法、投茶、饮茶、香、色、味、点染失真、茶变不可用、品泉、井水不宜茶、贮水、茶具、茶盏、拭盏布、分茶盒、茶道等各项内容，共1800余字。钱椿年，字宾桂，人称友兰翁，明代常熟（今属江苏）人，所著《茶谱》约1200字，共分九目，即茶略、茶品、艺茶、采茶、藏茶、制茶诸法、煎茶四要（即择茶、洗茶、候汤、择品）、点茶三要（即涤器、烙盏、择品）和茶效。陆树声，字与吉，号平泉，明代华亭（今上海松江）人，所著《茶寮记》首先在引言中漫笔记录了其在茶寮中同适园的无净居士、五台僧演镇、终南僧明亮烹茶之事，而后分别从煎茶七类，即人品、品泉、烹点、尝茶、茶候、茶侣和茶勋七目的角度对饮茶者人品、兴致和烹茶的方法进行了论述，全书共有约500字。屠隆，字长卿，明代浙江鄞县（今浙江宁波鄞州区）人，万历时中进士，历任颍上知县、礼部主事等职，后遭诬陷被罢官。《茶说》原系屠隆的著作《考盘余事》中的《茶笺》一章，内容为茶的品类、采制、收藏和择水、烹煮的方法。罗廪，字高君，明代浙江慈溪（今属浙江宁波）人，所著《茶解》包括原（产地）、品（茶的色、香、味）、艺（栽茶）、采（采茶）、制（制茶）、藏（收藏）、烹（沏泡）、水（择水）、禁（在采制藏烹中不宜有的事）和器（采制藏烹中所用器具）这几项内容，共有约3000字。从罗廪在《茶解》总序中所写的一段话"余自儿时，性喜茶，顾名品不易得，得亦不常有。乃周游产茶之地，采

其法制，参互考订，深有所会。遂于中隐山阳，栽植培灌，兹且十年。春夏之交，手为摘制，聊是供斋头烹啜"来看，该书所写的内容都是罗廪的亲身经历。

清代茶书

清代茶书大多为摘抄汇编性质，在总结了我国传统茶学的同时又肇始了我国近代茶学。其中具有代表性的是鲍承荫于顺治元年（1644）前后著成《茶马政要》，陈鉴于顺治十二年（1655）著成《虎丘茶经注补》，刘源长于康熙八年（1669）前后著成《茶史》，余怀于康熙十六年（1677）左右著成《茶史补》，冒襄于康熙二十二年（1683）前后撰成《岕茶汇抄》，陆廷灿于雍正十二年（1734）著成《续茶经》，程雨亭于光绪二十三年（1897）著成《整饬皖茶文牍》。《茶马政要》是一部七卷的茶法专著，在《绛云楼书目》及《传是楼书目》中有关于它的记载，但其原书散佚已久，内容不详。《虎丘茶经注补》是一部5000字左右，记述虎丘茶掌故的专著。该书沿用陆羽《茶经》的十目体例，分别摘录《茶经》各目的原文，再加注虎丘茶事。这种别致的编排方式很好地集中了与虎丘茶事相关的资料，为对虎丘茶的专项研究提供了方便。在书前自序中，有作者编撰缘由的详述。《茶史》由刘源长之子刘谦吉刻本，后又由其曾孙刘乃大于雍正六年（1728）

重刊。重刊本卷端题墨韵堂藏版，书前有陆求可于康熙十四年（1675）、李仙根于康熙十六年（1677）、张廷玉于雍正六年（1728）所作序三篇，书后有刘谦吉于康熙年间、刘乃大于雍正年间所作跋两篇及清人余怀所著的《茶史补》。《茶史》分上下两卷，上卷分茶之原始、茶之名产、茶之分产、茶之近品、陆鸿渐品茶之出、唐宋诸名家品茶、袁宏道《龙井记》、采茶、焙茶、藏茶、制茶十一目记述与茶品相关的内容；下卷分品水、名泉、古今名家品水、欧阳修《大明水记》、欧阳修《浮槎山水记》、叶清臣《述煮茶泉品》、贮水、汤候、苏廙《十六汤品》、茶具、茶事、茶之隽赏、茶之辨论、茶之高致、茶癖、茶效、古今名家茶咏、杂录、志地十九目记述与饮茶相关的内容，连同卷首所录的陆羽等各著述家的事迹，共有33000字。《茶史》大部分的内容系由前人著作杂录编纂而成，且编排十分芜杂，《四库全书总目》评价其"卷端题名自称曰八十翁，盖暮年颐养，故以寄意而已，不足言著书也。"《茶史补》最初被刘谦吉、刘乃大附刻于《茶史》之后，并附有刘谦吉所作序，后被收入《昭代丛书》之中，并增附了《沙苑侯传》、《茶赞》和杨复吉所作跋。《岕茶汇抄》是一本1500余字的论茶专著，内容为对岕茶的产地、采制、鉴别、烹饮和故事等的记述，多杂抄自冯可宾所著的《岕茶笺》、许次纾所著的《茶疏》、熊明遇所著的《罗岕茶记》等，其中杂抄自《岕茶笺》的内容占全书内容的三分之一之多。此书刊本有《昭代丛书》本，书前序为张潮所作，对茶之古今有异进行论述，对古人特制饮茶方法的不当加以批评，言辞中肯，简明扼要；书后跋亦为张潮所作。《续茶经》是陆廷灿在当时主要的产茶区福建崇安县任候补主事时，"值制府满公，郑重进献，究悉源流，每以茶事下询。查阅诸书，于武夷之外，每多见闻"，耗费数年完成初稿，在回归故里后订辑完成的。该书共有正文三卷，附录一卷，合计约70000字。正文三卷按照陆羽所著《茶经》的体例分为十目，并将《茶经》列于卷首，三卷的内容分别为：上卷续《茶经》的一之源、二之具、三之造；中卷续《茶经》的四之器；下卷又分上中下三部分，下之上续《茶经》的五之煮、六之饮，下之中续《茶经》的七之事、八之出，下之下续《茶经》的九之略、十之图。附录的内容是对历代茶法的记录。《续茶经》是一部重要的茶书，这一方面在于《茶经》成书后的数百年间，茶的产地和采制烹饮之法以及饮茶用具都发生了巨变，因此确有续写的必要；另一方面则在于《续茶经》虽然也是由多种古书资料摘要分录而成，但其征引、补辑、考定到位，实用价值甚高。此书刊本有寿椿堂刊本，书前有黄叔琳所作的序和陆廷灿所作的凡例。《整饬皖茶文牍》的作者程雨亭曾在光绪二十三年（1897）时于皖南茶局任职，《整饬皖茶文牍》即是他在此间撰写的。本书由关于茶叶的禀牍文告辑选汇编而成，主要包括《请南洋大臣示谕徽属茶商整饬牌号禀》、《请禁绿茶阴光详稿》等，共有约14000字。该书刊本有《农学丛书》石印本，前有罗振玉于光绪戊戌年（1898）所作序。

二 茶入诗、词、画

茶性恬淡，提神益思，古往今来文人雅士无不嗜茶，并将茶作为表达对象，予以热情歌颂。于是，茶很自然地走进了诗、词、画中。

茶诗

我国既是"茶的祖国"，又是"诗的国家"，因此茶很早就渗透到了诗歌创作当中，为数众多的诗人们在品茗之余创作了不少优美的茶诗。

我国狭义的茶诗是指"咏茶"诗，即诗的主题是茶，这种茶诗数量略少；广义的茶诗不仅包括"咏茶"诗，也包括"有茶"诗，即诗歌的主题不一定是茶，但是诗中提到了茶，这类诗歌数量就很多了。我国的广义茶诗，据估计在唐代约有500首，在宋代则多达1000首，再加上金、元、明、清，以及近代的茶诗，总数应当在2000首以上，真可谓琳琅满目，现选择部分精华之作供大家赏析。

娇女诗（左思）

吾家有娇女，皎皎颇白晰。

小字为纨素，口齿自清历。

鬓发覆广额，双耳似连璧。

明朝弄梳台，黛眉类扫迹。

浓朱衍丹唇，黄吻烂漫赤。

娇语若连琐，忿速乃明集。

握笔利彤管，篆刻未期益。

执书爱绨素，诵习矜所获。

其姊字惠芳，面目粲如画。

轻妆喜楼边，临镜忘纺绩。

举觯拟京兆，立的成复易。

玩弄眉颊间，剧兼机杼役。

从容好赵舞，延袖象飞翮。

上下弦柱际，文史辄卷襞。

顾眄屏风书，如见已指摘。

丹青日尘暗，明义为隐赜。

驰骛翔园林，果下皆生摘。

红葩缀紫蒂，萍实骤柢掷。

贪华风雨中，眴忽数百适。

务蹑霜雪戏，重綦常累积。

并心注肴馔，端坐理盘鬲。

翰墨戢闲案，相与数离逖。

动为垆钲屈，屐履任之适。

止为茶荈据，吹嘘对鼎立。

脂腻漫白袖，烟熏染阿锡。

衣被皆重地，难与沉水碧。

任其孺子意，羞受长者责。

暓闻当与杖，掩泪俱向壁。

本诗是陆羽《茶经》所节录的中国古代茶诗中的第一首。作者通过描写饮茶对两位美貌娇女的强烈诱惑，展现了茶的魅力，并记述了茶具的形制和煮茶的习俗。

茶（元稹）

茶。

香叶，嫩芽。

慕诗客，爱僧家。

碾雕白玉，罗织红纱。

铫煎黄蕊色，碗转曲尘花。

夜后邀陪明月，晨前命对朝霞。

洗尽古今人不倦，将至醉后岂堪夸。

"宝塔体"咏茶诗十分少见，本诗利用这种独特的体裁，将茶的品质、功效以及人们的饮茶习惯和对茶的喜爱描写了出来。

焙茶坞（顾况）

新茶已上焙，旧架忧生醭。

旋旋续新烟，呼儿劈寒木。

本诗通过对将焙茶用的"棚"揩洗干净和招呼孩子将焙茶用的柴劈成小块这样两个场面的描写，表现出了焙茶坞繁忙的景象。

次韵周穜惠石铫（苏轼）

铜腥铁涩不宜泉，爱此苍然深且宽。

蟹眼翻波汤已作，龙头拒火柄犹寒。

姜新盐少茶初熟，水渍云蒸藓未干。

自古函牛多折足，要知无脚是轻安。

作者推崇用石铫煎茶的方式，列举了此法茶汤无异味、器柄不烫手等优点，在末句中，更通过石铫与大鼎的对比，阐释出了"无脚是轻安"的哲理。

喜得建茶（陆游）

玉食何由到草莱，重奁初喜坼封开。

雪霏庾岭红丝磑，乳泛闽溪绿地材。

舌本常留甘尽日，鼻端无复鼾如雷。

故应不负朋游意，手挈风炉竹下来。

诗人得到了珍贵的"建茶"，高兴地打开茶盒，将它用红丝碾碾碎，而后煎饮，只觉茶香常留舌间，尽日不散，令人睡意全无。于是诗人决定不负朋友们的美意，提着风炉和他们同去竹林里煎茶饮茶。

茶词

　　词又称长短句，是我国古代诗歌的一种，中国重要的文学样式之一。为适合演唱的需要，大多数词的句式是参差不齐的。在宋代，词的创作达到了顶峰。宋词上承唐五代，下启元明清，名家辈出，作品如林，但咏茶词或涉及茶事的词却并不多见，至少比起诗歌来要少得多，但也不乏佳作，下面试作赏析几首。

西江月　茶词（苏轼）

　　龙焙今年绝品，谷帘自古珍泉。雪芽双井散神仙，苗裔来从北苑。

　　汤发云腴酽白，盏浮花乳轻圆。人间谁敢更争妍，斗取红窗粉面。

　　这首词的上阕描述了作者泡茶所用的名贵的茶叶和名泉之水。"龙焙"，即贡茶，也就是建州（今福建建瓯市）所产的北苑茶；"谷帘"，即被陆羽评为"天下第一泉"的谷帘泉（在今江西庐山康王谷）；"雪芽双井"，即分宁（今江西修水）双井村所产的双井茶。分宁是苏轼的门生黄庭坚的家乡。黄庭坚常把双井茶赠给苏轼，并自豪地称"我家江南摘云腴，落硙霏霏雪不如"。这也就是"雪芽"和下阕的"汤发云腴酽白"的出处。

　　下阕描述了用名贵的茶叶和名泉之水制成的茶汤。用"人间谁敢斗妍"来形容以"珍条"和"雪芽"泡出来的人间绝茶，构思巧妙，充分体现了苏词清旷的词风。

阮郎归　郊福康独木桥体作茶词（黄庭坚）

烹茶留客驻金鞍，月斜窗外山。别郎容易见郎难。有
人思远山。

归去后，忆前欢。画屏金博山。一杯春露莫留残。与
郎扶玉山。

在这首词中，作者以一个女子的口吻，讲述了一个与茶有
关的爱情故事。词的上阕写女主人公久别的恋人驻马留宿，女
主人公高兴地为他烹茶，却又为他"思远山"，仍然要离去而
伤感，叹息着"别郎容易见郎难"。下阕写恋人走后，女主人公
回想短暂而甜蜜的欢聚。"博山"，即博山炉（一种雕有重叠山
形的香炉），作者没有对女主人公与恋人欢会的场景进行正面
描写，而是通过画屏、博山、香茗几件事物，暗示出了两人的
甜蜜。

本词中的四个"山"字和"一杯春露莫留残"一句充分体
现了黄庭坚"随俗而能不流于俗"的疏放词风。"山"字出现四
次，但含义各不相同，正是似俗而非俗之妙："窗外山"是郎来
处；"思远山"可能是思远山外的功名，也可能是思远山外的生
意，暗示郎还要离去；"博山"是物；"扶玉山"写出了女主人
公醉酒的媚态。"一杯春露莫留残"是寻常人家饮茶一饮而尽
的风俗的表现，更是女主人公殷勤劝茶的一片浓情的表现。茶
在这里成了传情达意的媒介。

摊破浣溪沙（毛滂）

天雨新晴，孙使君宴客双石堂，遣官奴试小龙茶。

日照门前千万峰，晴飙先扫冻云空。谁作素涛翻玉
手，小团龙。

定国精明过少壮，次公烦碎本雍容。听讼阴中苔自
绿，舞衣红。

这首词是作者在冬末春初，于衢州知州孙贲在双石堂所设
宴席上即席创作的一首应酬之作。词的上阕写宴席之上主人以
名茶待客的盛情，下阕连用西汉贤臣于定国、盖宽饶（即次公）
和周召公的典故，委婉地称赞了主人廉洁勤政、老当益壮、政绩
斐然，是一首飘逸清新的佳作。

在这首词的上阕中，作者不说"玉手翻茶"，却说"茶翻玉
手"，使诗句平添妙趣；而一个"翻"字，更是将分茶姑娘的高
超技艺传神地描写了出来。

"小团龙"即当时的北苑贡茶小龙团，品质极精，价值弥
贵。区区二十个小龙团茶饼，重不过一斤，价格竟达二两金，即
使如此仍不易购得。据说当时皇帝对中书省、枢密院这样的中央
机关也不过各赐一饼。孙贲官不过知州，却能以此宴请宾客，确
实不易。

渔家傲　寄仲高（陆游）

东望山阴何处是？往来一万三千里。写得家书空满
纸。流清泪，书回已是明年事。

寄语红桥桥下水，扁舟何日寻兄弟。行遍天下真老
矣，愁无寐，鬓丝几缕茶烟里。

这首词是南宋淳熙年间，年届五十的陆游在今四川所作的
一首思乡怀人之作。仲高即与陆游同曾祖的陆升之。山阴即陆游
的故乡，今浙江绍兴。陆游自幼与陆升之感情深厚，但后来陆升

之依附于秦桧，陆游曾作诗对其嘲讽。秦桧死后，陆升之被贬，七年后返回故乡山阴。

这首词的上阕描写了作者身处的蜀地与故乡相距之远，以致家书往来竟需要跨年，并抒发了自己的思乡之情。下阕则抒发了作者对陆升之的思念和人到暮年的感伤。下阕中的"红桥"据说是陆游和陆升之的旧游之地，因此陆游借"红桥桥下水"来抒怀。作者因家乡、故人远隔万里，自己又漂泊多年渐入暮年而心生愁绪，无法入睡，枯坐在"风缕茶烟"之中，这与唐朝诗人杜牧所作的《题禅院》一诗中"今日鬓丝禅榻畔，茶烟轻飏落花风"的意味极其相似，这也从侧面表现出古代文人在迟暮之年以茶为伴，与茶日益亲近的某种趋势。

茶画

我国传统的绘画艺术与诗歌、茶道一样，与哲学思想有着千丝万缕的联系，这使得绘画作品与诗词、茶道在意境上有许多相通之处，所以屡屡出现了画家们以画境表现诗情，品茗以助画兴，创作以茶为题材的绘画作品的事例。历代画家所绘茶画的主题多为煮茶、奉茶、品茶、采茶、以茶会友的场面和饮茶用具等，如果将这些绘画作品汇编为一册，就成为了一部展现中国茶文化悠久历史、千年风韵的图录。

早在唐代，饮茶之风便已遍及全国，无论宫廷、寺院、民间，都以饮茶为乐。在此期间，以茶事活动为主题的画作不断问世，尤以表现宫廷贵族和士大夫们饮茶生活的作品最多，其中传世作品有人物画家周昉所画的《调琴啜茗图》，张萱所画的《烹茶仕女图》、《煎茶图》，阎立本所画的《萧翼赚兰亭图》等。

宋代饮茶之风更盛，斗茶在民间大为流行，所以那个时代的茶画所涉及的内容也更加广泛。除了宋徽宗赵佶所画的《品茶图》，刘松年所画的《斗茶图》、

▶茶画

《卢仝烹茶图》以外，更有风俗画大家张择端所作的《清明上河图》，还有不仅嗜茶，更以茶为营生的山水画大家江参所画的《千里江山图》。这两幅画中都绘有民间的茶肆，充分反映出了当时民间饮茶之风的盛行。

元代沿袭了宋代的饮茶之风，但斗茶之风已经减弱。尽管如此，其表现茶事活动的绘画作品在内容和形式上却更加丰富多样，从采茶到烹茶，从斗茶到侍茶待客，都在绘画作品中有所体现。元代传世的茶画有赵孟頫所画的《斗茶图》、钱选所画的《卢仝烹茶图》、赵原所画的《陆羽烹茶图》，还有永乐宫中的壁画《村童采茶图》以及民间壁画《童子侍茶图》等。

明代的茶画较之前代内容更加丰富。被称为"明四家"的沈周、文征明、唐寅、仇英四人都有众多与茶事有关的绘画作品传世。比如沈周所作的《虎丘对茶坐图》、《醉茶图》，文征明所作的《松下品茗图》、《煮茶图》、《品茶图》、《惠山茶会图》、《茶具十咏图》，唐寅所作的《品茶图》、《事茗图》、《陆羽烹茶图》，仇英所作的《为皇煮茗图》、《竹庭玩古图》、《松庭试泉图》等。除他们四人以外，其他著名画家亦

有不少茶画传世，比如丁云鹏所作的《玉川煮茶图》、陈洪绶所作的《高逸品茗图》等。

清代画家辈出，且多为好茶之人，无论是并称四僧的朱耷、石涛、髡残、弘仁，还是并称清扬州八怪的郑燮、高凤翰、李鱓、黄慎、金农、李方膺、罗聘、闵贞，以及并称三任的任熊、任薰、任颐，莫不如此。他们在品茶之余，也创作了许多茶画，如李鱓的《煮茶图》、《一枝梅图》，郑燮的《墨竹图》，李方膺的《梅兰图》等。除此以外，蒲华、虚谷、吴昌硕等著名画家亦分别绘有《供茶图》、《茶壶秋菊图》、《花开茶热图》等画作。

近现代，表现茶事活动的画作更加丰富，其中较为著名的有齐白石所画的《杂画册选三》、《茶具梅花图》，丰子恺所画的《人散后，一钩心月天如水》、傅抱石所画的《蕉荫煮茶图》等。

在其他国家，茶与绘画艺术亦有很好的结合。日本就有不少以茶为题材的绘画，并能在模仿中国茶画的基础上有所创新，著名的《明惠上人图》就是其中的代表作品之一；在北欧和美洲，自18世纪形成饮茶风尚以后，就不断有描绘饮茶场景的画作问世，其中不乏传世名作。

现代的摄影艺术也与茶有着相当广泛的联系，以茶为题材的优秀的摄影作品时有所见。在这其中，以拍摄名山采茶场面，融山水、花木与茶园于一体，表现采茶区如诗如画的优美风光的作品最具代表性。

三 歌、舞、戏中茶

在我国古代和现代的文艺作品中，以茶为表现题材的茶歌、茶舞、茶戏比比皆是。这些作品在岁月的长河中始终散发着夺目的光彩，成为盛开在我国艺术宝库里的一枝奇葩。

茶歌

茶歌与茶诗、茶词、茶画相仿，也是由种茶、制茶、饮茶的文化主体中派生出来的茶文化现象。茶歌的出现，是在我国音乐发展史的晚期，也是种茶、制茶、饮茶成为我国社会生产、生活重要的组成部分之后的事情。茶歌主要的来源有三，即诗，谣和茶农、茶工们自己创作的民歌、山歌。

从皮日休所作的《茶中杂咏序》一诗中"昔晋杜育有荈赋，季疵（即陆羽）有茶歌"的诗句来看，陆羽创作了最早的茶歌。遗憾的是，陆羽所创作的茶歌散佚已久。但现在，我们还可以从《全唐诗》中找到一些与唐代中期的茶歌有关的诗，比如皎然所作的《茶歌》、卢仝所作的《走笔谢孟谏议寄新茶》、刘禹锡所作的《西山兰若试茶歌》等。而在我国古代，歌的定义是"声比于琴瑟曰歌"（《尔雅》），"有章曲曰歌"（《韩诗章句》），也就是说，诗词只要配上章曲，便成为了歌。而事实上，由诗而为歌正是我国茶歌得以形成的主要方式之一。以经常被

茶歌

后人引用的，卢仝所作的《走笔谢孟谏议寄新茶》为例，这首诗在宋代的《学林》（王观国著）、《会稽风俗赋》（王十朋著）等著作中，都被称为"卢仝茶歌"或"卢仝谢孟谏议茶歌"，说明它在宋代时已经是一首有章曲、器乐相配，可以用于歌唱的茶歌了。在宋朝，诗词变为茶歌的现象就更多了。在宋人熊蕃所作的《御苑采茶歌十首》的诗前小序中，有"先朝漕司封修睦，自号退士，曾作《御苑采茶歌》十首，传在人口……蕃谨抚故事，亦赋十首献漕使"之言，所谓"传在人口"，也就是在民间传唱之意。

茶歌的第二种孕育形成过程是由谣而为歌，具体地说，就是民谣经过文人的整理、配曲之后再返回到民间。明清时流传于今杭州富阳一带的《贡茶鲥鱼歌》就是由谣而为歌的典型。明正德九年（1514），时任浙江按察金事的韩邦奇将民间流传的《富阳谣》改编成了这首茶歌，其歌词为："富阳山之茶，富阳江之鱼，茶香破我家，鱼肥卖我儿。采茶妇，捕鱼夫，官府拷掠无完肤，皇天本圣仁，此地一何辜？鱼兮不出别县，茶兮不出别都，富阳山何日摧？富阳江何日枯？山摧茶已死，江枯鱼亦无，山不摧江不枯，吾民何以苏？"原有的民谣经过文人的艺术加工后，

凭借着夸张的手法和一连串的反问，将贡茶和贡鱼制度给富阳地区的百姓带来的深重灾难展现得淋漓尽致。而韩邦奇因创作了这首茶歌被冠以"怨谤阻绝进贡"的罪名，关押进了锦衣卫的监狱，这也从侧面反映出了这首茶歌的影响之大。

茶农、茶工们自己创作的民歌、山歌是茶歌的第三个主要来源。清朝时，每年都有劳工到武夷山采制茶叶，他们中间流传着一首茶歌，其歌词为："清明过了谷雨边，背起包袱走福建。想起福建无走头，三更半夜爬上楼。三捆稻草搭张铺，两根杉木做枕头。想起崇安真可怜，半碗腌菜半碗盐。茶叶下山出江西，吃碗青茶赛过鸡。采茶可怜真可怜，三夜没有两夜眠。茶树底下冷饭吃，灯火旁边算工钱。武夷山上九条龙，十个包头九个穷。年轻穷了靠双手，老来穷了背竹筒。"除了今江西、福建两省外，浙江、湖南、湖北、四川各省的地方志中也有不少关于此类茶歌的记载。这类茶歌在演化的过程中，逐渐由最初并无统一的曲调，发展到形成了专门的"采茶调"，并最终成为了我国南方传统民歌的重要形式之一，与山歌、盘歌、五更调、川江号子等并称。而当采茶调成为一种民歌格调后，其内容也突破了茶事或与茶事相关的固有范围。

此外，我国各民族还拥有与茶事有关的固定乐曲。流传于我国西南地区的一些少数民族同胞间的采茶调就逐渐演化、派生出了"打茶调"、"敬茶调"、"献茶调"等曲调。如居住在滇西北的藏族同胞有挤奶时唱的"格奶调"，宴会上唱的"敬酒调"，青年男女相会时唱的"打茶调"、"爱情调"，婚礼上唱的"结婚调"；居住在金沙江西岸的彝族支系白依人，旧时也有在结婚第三天正式宴请宾客时，按照"迎宾调"、"敬茶调"、"敬烟调"、"上菜调"的顺序吹奏唢呐曲的习俗。

茶舞

　　我国舞蹈艺术的发展在元代和明清期间进入了中衰期，这使得现存的史籍中对我国茶舞的具体记载十分有限。目前，我们仅能从"茶灯"这一流行于我国南方各省的民间舞蹈形式上，对我国茶舞探之一二。

　　茶灯曾经是汉族一种比较常见的民间舞蹈形式。在福建、广西、江西和安徽等地又被称为"采茶灯"；在江西，还有"茶篮灯"和"灯歌"的名字；在湖南、湖北则被称为"采茶"或"茶歌"；在广西又被称为"壮采茶"或"唱采舞"。除了名称以外，各地茶灯的跳法也各有区别。茶灯基本上是一男一女或一男二女共舞，三人以上的群舞亦有所见。参舞的男性一般手持钱尺（鞭）以象征扁担、锄头等农具，女性则右手持扇，左手提茶篮，舞蹈时多腰系绸带，载歌载舞。舞蹈的内容以表现茶园劳动的场面为主。

▶ 茶舞

除了茶灯之外，流行于我国一些少数民族间的盘舞、打歌之中，也多有以敬茶、饮茶等与茶事有关的事物为表现内容者。比如彝族同胞欢聚打歌时，主办打歌的家庭或村庄的成员会在客人落座后全体起立，手端茶盘或酒盘，在大锣和唢呐的伴奏下翩翩起舞，边舞边走，恭恭敬敬地向每位客人献茶、敬酒。生活在云南洱源的白族同胞也有着与之相似的打歌风俗，他们在打歌时手端茶或酒，在歌目（即领歌者）的带领下，一面歌唱，一面一圈一圈地绕着火塘屈膝起舞，边绕行边扭动上身，舞为歌纵，歌为舞狂，极具感染力。这些民间歌舞也可以视为是一种茶舞。

茶戏

　　我国的戏曲与茶文化有着密切的关系，这既表现在戏曲演出与茶馆的历史渊源上，也表现在茶对戏曲的影响上。

　　我国传统的弹唱、相声、大鼓、评话等曲艺最初通常都是在茶馆里进行表演的；演出各式戏剧的剧场最初也都兼卖茶水，甚至本身就是茶馆；而在其间演出的戏曲演员的报酬，最初也都是由茶馆支付的。换句话来说，早期的曲艺、戏剧表演场所大都以卖茶为主业，搭台演戏只是为了吸引茶客和为茶客提供"增值服务"——这也是明清两代的营业性的戏剧演出场所多被称为"茶楼"或"茶园"的原因。曾经久负盛名的北京的"查家茶楼"、"广和茶楼"和上海的"丹桂茶楼"、"天仙茶楼"，都是这种类型的演出场所。在这种类型的"茶楼"或"茶园"中，舞台一般搭在一面墙壁的中间，台前留有一块平地（即

▲茶戏

"池"），其他三面墙壁环绕戏台搭建楼廊，设为观众席，其间摆放桌椅，供茶客品茗看戏。现在常见的专门从事演出事业的剧场，在辛亥革命前后才出现。这类剧场在当时被冠以"新式剧院"或"戏园"、"戏馆"之名，而其中的"园"字和"馆"字，便是得自茶园和茶馆。因此，也有人将我国的戏曲戏称为"茶汁浇灌起来的一门艺术"。

以茶事作为描写对象的戏曲是茶文化的重要组成部分。随着茶叶的生产、贸易和消费在社会生产、生活中的地位不断提高，茶文化在社会文化中扮演的角色越来越重要，茶事、茶文化也在戏曲中有所反映。古今中外，有许多反映茶事的内容、场景，甚至以茶事作为全剧背景，以茶事作为创作题材的著名戏剧。如我国的传统剧目《西园记》，便用"买到兰陵美酒，烹来阳羡新茶"的开场词将观众引入特定的环境之中。昆剧传统剧目《茶访》（又称《茶坊》，是南戏《寻亲记》中的一出）则以茶馆为背景，描写了北宋名臣范仲淹微服私访的故事：范仲淹

新任河南开封府尹，微服私访，在茶馆中见到当地劣绅张敏气焰嚣张，便向茶馆伙计打听；茶馆伙计详细描述了张敏的恶行，助范仲淹将张敏绳之以法。我国现代著名剧作家田汉于20世纪20年代初创作的剧本《环娥琳与蔷薇》中，也有许多对煮水、拿茶、泡茶和斟茶的描写。20世纪50年代以后，出现了一类以《茶馆》和《喜鹊岭茶歌》为代表的，以茶文化现象为背景的话剧和电影。此外，还有湖北宜昌京剧团演出的，描写大跃进时期七个采茶姑娘战胜保守思想，大胆革新的现代京剧《茶山七仙女》；分别由古典传奇故事《鸣凤记》、《水浒记》、《玉簪记》改编而成的昆剧折子戏《吃茶》、《借茶》、《茶叙》；我国现代著名剧作家郭沫若创作的，将武夷工夫茶搬上了舞台的话剧《孔雀胆》等。

　　茶对戏曲的影响不仅体现在许多内容涉及茶事的戏曲相继出现上，更表现在"采茶戏"这一独立剧种的产生上。"采茶戏"是一种在茶事活动之中产生，随着茶文化的发展最终得以独立的剧种，关于这一剧种的诞生，有这样一个传说：唐玄宗在位期间，担任宫廷舞女教练的歌舞大师雷光华犯了死罪，逃亡到赣南的九龙山中，隐姓埋名，种茶为生；在生活、劳动的过程中，他逐渐将自己原有的歌舞艺术同地方小调、采茶动作结合起来，创造了采茶歌这种新的艺术形式。采茶歌最初的演唱内容只有"十二月采茶调"，后来经过音乐的不断丰富和茶农生活的故事情节的陆续引入，终于在明末清初时形成了"以歌舞演故事"的表演形式。而后，采茶戏的影响范围随着九龙山茶业的兴起而逐渐扩大，遍及赣南山村。此时的采茶戏一般由二旦一丑三位演员演出，故又称"三脚戏"。清代的《南安竹枝词》中有"长日演来三脚戏，采茶歌到试茶天"的诗句，描写的便是当时采茶戏演出的盛况。此外，采茶戏历史上的首部整本大戏《茶篮灯》也出现于这一时期。

采茶戏在今江西省的普及程度最高，有"赣南采茶戏"、"抚州采茶戏"、"南昌采茶戏"、"武宁采茶戏"、"赣东采茶戏"、"吉安采茶戏"、"景德镇采茶戏"和"宁都采茶戏"等名目繁多的子类。除江西以外，采茶戏在今湖北、湖南、安徽、福建、广东、广西等省区也很流行，有广东的"粤北采茶戏"、湖北的"阳新采茶戏"、"黄梅采茶戏"、"蕲春采茶

▲《牡丹亭》剧照

戏"等多种子类。

在采茶戏形成的过程中，采茶歌和采茶舞无疑起着重要的作用——采茶戏最早的曲牌便是"采茶歌"。而除此之外，采茶戏亦与花鼓戏、花灯戏有着交互影响的关系，在风格上十分接近。花鼓戏的形成时间与采茶戏接近，子类以湖北、湖南两省最多。花灯戏是流行于云南、贵州、四川、湖北、江西、广西等省区的花灯戏子类的统称。多数花灯戏子类形成于清代，稍晚于花鼓戏和采茶戏。花灯戏的子类以云南为最多。这两种戏曲门类也像采茶戏一样，起源于民歌小调和民间舞蹈。由于三者在来源、风格、形成和发展的时间方面都较为接近，因此在发展过程中产生了交互影响。

除了对剧目的影响之外，茶事、茶文化对戏曲的影响还表现在对剧作家和演员的影响上。我国历史上许多著名的剧作家和演员都是好茶之人，茶文化对他们的影响深入到他们生活的方方面面，对他们的戏曲创作，乃至于所开创的戏剧流派的名字都产生了影响。例如我国明代的大剧作家汤显祖，因嗜茶而将其住所命名为"玉茗堂"；他所作的《牡丹亭》、《紫钗记》、《邯郸记》、《南柯记》四部著作，人物情感描写细腻，辞藻绮丽，给当时和后世的戏剧创作带来了不可估量的巨大影响，被后人合称为"玉茗堂四梦"；而在他的影响下诞生的剧本创作的艺术流派也因此得了"玉茗堂派"之名。

四 茶俗物语

茶俗作为民俗之一，在形成过程中积淀了深厚的文化，也折射出了人们的心态。各个地方、各个民族的茶俗不尽相同，但却都有着鲜明的特色和丰富的内涵。

民族茶俗

我国历史悠久，幅员辽阔，民族众多，不同的民族在不同的时期形成了各具特色的茶俗文化。如藏族把茶视作友谊、礼敬、纯洁、吉祥的象征；武夷山区的土家族有着喝"擂茶"的习惯；许多民族自古就有以敬茶作为婚庆礼仪或以茶为祭的习俗……

维吾尔族香茶

新疆有一座终年披着白雪的天山，天山脚下有一个能歌善舞的民族——维吾尔族。勤劳智慧的维吾尔族人在漫长的历史发展过程中创造了独具风情的饮茶文化。

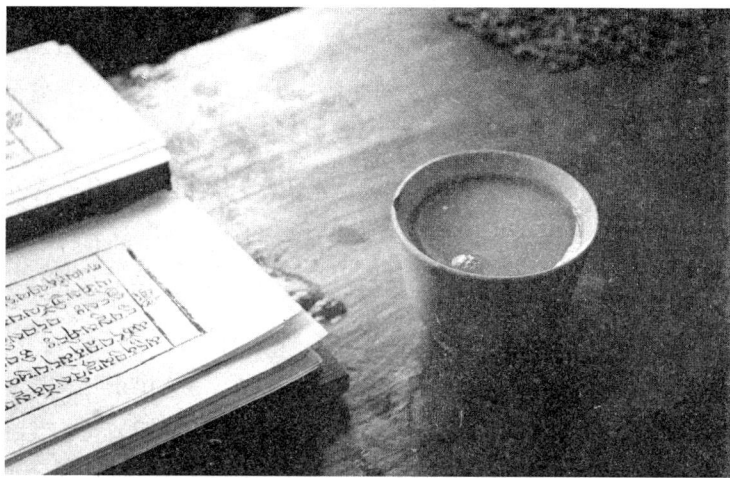
▶ 维吾尔族香茶

　　维吾尔族人以天山为界，分居在南北两侧。整个维吾尔族都有边用餐边饮茶的习惯，几乎是把茶当菜汤喝，而且每天喝三次。但南疆和北疆的饮茶习惯也并非一模一样，比如北疆维吾尔族人爱喝奶茶，而南疆的人最爱的却是香茶。

　　维吾尔族人的主食是面粉。他们有一种常见的用小麦面烤制的馕，圆饼形状，色泽诱人，又香又脆。维吾尔族人喜欢一边吃馕一边喝香茶。在他们看来，香茶中含有丰富的营养，既可以提神，又可帮助消化，经常饮用还能够强健体魄。制作香茶时，首先将砖茶敲碎，同时用铜制、陶制、搪瓷或铝制的长颈茶壶烧水，一旦水沸，马上在壶中放入刚敲碎的砖茶。此时可依据个人喜好准备好适量的姜、胡椒、桂皮、芷等细末香料。当水再次沸腾约5分钟时，将所有香料倒入水中，再轻轻地搅拌茶水3分钟，一壶香气四溢的维吾尔族香茶就泡好了。在将香茶倒入小茶碗前，最好先在盛放香茶的长颈壶上套一个过滤网，这样就可避免在倒茶时将茶渣、香料混入茶汤中。

　　有客人时，好客的维吾尔族人一定会向客人敬茶，以示欢迎。

敬茶之前还有如下一些必不可少的流程：迎接客人时，须遵循长幼有序的道理，即长者先入内，并坐在首席，其他客人再依次入座；待宾主双方问候完毕，主人会左手持拉甫恰（接水盆）、右手持阿甫土瓦（洗手壶）进来，给客人倒水让他们洗手，也是从长者开始；冲洗三次后，客人应垂手等主人递上洁白的毛巾，然后将手擦干；洗完后，开始吃点心，并进行最为重要的敬茶环节，女主人会将盛有茶水的茶碗放在托盘上端进来，自长者开始敬茶，从第二碗开始，负责倒茶的人固定下来，一般是男主人，主人倒茶时要顺着茶碗的内沿缓缓地倒；吃完点心喝好茶后，众宾客要跟着长者做一个"都瓦"（祈祷吉祥）的仪式——伸开双手并在一起，将手心朝向脸部，在心中默默地祈祷，就这样持续几秒或更长时间，最后从上至下轻轻地摸一下脸。

在整个敬茶礼仪中，有三处须特别注意：首先，洗完手后不能甩手，这是对主人极不礼貌的行为；其次对于洗完手后主人摆上的各种瓜果点心，无论如何要品尝一点，即使没有食欲，也不要拒绝，否则就是对主人的不尊敬；最后，主人倒茶时，客人千万不能为表示客气而接过壶自己斟茶，如果不想喝了，只须用手捂一下碗口，主人即会明白。

藏族酥油茶

人们常说，没有喝过酥油茶，就不算真正到过青藏高原。初喝酥油茶，第一口异味难耐，第二口醇香流芳，第三口永世难忘。千百年来，藏族人民在与严酷的自然条件斗争的过程中创造了独特的酥油茶文化。

藏族人民生活在号称"地球第三极"的青藏高原上，高寒的

高原气候、严酷的生存环境，造就了藏人勇敢刚毅的民族个性，也形成了藏民族独具高原特色的饮食文化，藏族的酥油茶便是其中一朵奇葩。酥油茶是藏人日常生活所必需的一种饮料，也是藏族人民待客、礼仪、祭祀等活动不可或缺的东西，极具民族特色和文化内涵。

顾名思义，酥油茶是由酥油、茶两种原料做成。在西藏，随时随地都可以见到酥油。酥油是藏族人民日常生活中的主要食品，一日三餐，不可或缺。它是藏族人民用手工工艺从牛羊奶中提炼出的奶油。提取的方法既简单又别致，先将鲜奶加温煮熟，晾冷后倒入圆形木桶中，桶中装有与内口径大小一样的圆盖，中心竖立木柄，下安十字形圆盘，打酥油者紧握木柄上下捣动使圆盘在鲜奶中来回撞击，直到油水分离。这个过程就叫做"打酥油"。牛羊奶经过这样捣打后，其中的油质就会浮出水面，将它用手提出，冷却后便成为酥油。酥油以夏季从牦牛奶里提炼出的金黄色酥油为最好，从羊奶里提炼的常为纯白色。

酥油有多种吃法，主要是打酥油茶喝，也可放在糌粑里调和着吃。在制作藏族群众平日喜欢喝的酥油茶时，需先将整块的砖茶或沱茶敲成碎片，放入壶中加水煎煮20至30分钟，滤掉茶渣，再将剩下的茶汤倒入又长又圆的打茶筒里；然后在打茶筒里加入适量的酥油，还可添加一些已炒熟捣碎的核桃仁、芝麻粉、花生米、松仁等；再加入些许食盐、鸡蛋等；最后用木柄在打茶筒里上下抽打，当筒内声音由"咣当、咣当"变为"嚓、嚓"时，酥油茶便可以出炉了。酥油茶醇正芳香，既可解渴，又可滋润肺腑，还能产生较大的热量，所以特别适合藏族人民高原御寒保暖的需要。另外，藏区牧民的日常饮食以牛羊肉和糌粑为主，瓜果蔬菜较少，而茶里含有的多种维生素和微量元素，正好能维持人体营养的均衡。同时，饮茶还有助于消化和维持人体的酸碱平衡，因而酥油茶一经产生，便流传至今，并成为藏族人民日常生活的重要组成部分。

藏族人民经常用酥油茶招待客人，由此衍生出了一套不成文的礼仪规范。请客人行至方桌边后，主人会拿个木碗（或茶杯）放在桌上，提起酥油茶壶（现在常用保温瓶）摇晃几下，然后将客人面前的木碗倒满。客人要等到主人第二次提茶壶站到跟前时，才可端起木碗，轻轻吹开浮在茶上的油花喝上一口，并留下自己的溢美之辞。如果客人放下碗，不管是空碗还是半碗，主人都会再把它添满，就这样边喝边添。如果客人不想再喝，只需放下碗不再动它即可。如果准备辞行，客人可以连喝几口，但不要喝个底朝天，因为按照藏族的习俗，碗里最好留点漂油花的茶底。

送别亲人时，藏人会背着酥油茶将亲人送到车站。亲人上车后，还要敬上三次茶，让亲人喝完上路，取吉祥如意、一路平安、万事大吉之意。在川滇藏区，酥油茶还是年轻人谈恋爱的媒介，流行在该地区的"茶会"，可以说是一次公开的集体恋爱，最为农牧区的年轻人所喜爱。

蒙古族咸奶茶

生活在辽阔草原上的蒙古族人每天都离不开茶，对于其他地区的人来说，一日三顿饭是不可以缺少的，但蒙古族却往往是一日三次茶，一日一顿饭。每日清晨起来，主妇们先煮上一锅咸奶茶，早餐就是一边喝茶，一边吃炒米。早茶后，将剩余的咸奶茶放在微火上暖着，可以随需随取。通常　家人只在晚上放牧回家后才正式用一餐，但早、中、晚的咸奶茶却是一次都不能少。如果晚餐吃的是牛羊肉，那么，睡觉前全家还会再喝一次茶。至于中、老年男子，喝茶的次数就更多。所以，蒙古族人民对茶的人均年消费量高达

8公斤左右，多的在15公斤以上。

蒙古族的咸奶茶多以青砖茶和黑砖茶为原料，并且习惯用铁锅烹煮。之所以要烹煮，是因为在蒙古高原上气压低，水的沸点很难达到100℃；且砖茶质地紧实，用当地的"开水"直接冲泡，很

▲ 蒙古族咸奶茶

难将茶汁浸出。烹煮咸奶茶时，先将铁锅洗净放在火上，注入2至3公斤的水。当水沸腾时，放入25克捣碎的砖茶。当水再次沸腾时，等待3至5分钟，然后加入水的五分之一左右的牛奶。再过一小段时间后，酌情加点盐。此时只用等待整锅茶水煮沸，就可以喝上咸奶茶了。

看起来，煮咸奶茶似乎很容易。但只有做到器、茶、奶、盐、温五者相互协调，煮出来的咸奶茶才会香气四溢、咸甜相宜。煮茶时用的锅、放的茶、加的水、掺的奶、烧的时间以及它们之间的操作顺序，都影响着奶茶最终的味道和其中所含营养成分的多少。例如：茶叶没有及时放进去，或是颠倒了加奶与加茶的顺序，最终的茶味就会不纯正；而长时间的烧煮，又会使奶茶的香味在烹煮过程中流失殆尽。

在蒙古族，不管家境、地位如何，也不管在什么场合，都以茶为应酬品。家里有客人到来时，崇尚礼仪的蒙古族必定会以茶款待。平常敬茶要先敬长辈、老人，但当有客人时，主人会先给客人敬茶以示尊重。主人在给客人敬茶时，一般要站起来用双手将茶奉上，坐着给客人敬茶是当地的忌讳。客人接过茶，首先要放在比自己年长的人面前，这样表示对长辈心怀敬意，然后再喝下这碗茶，不喝是一种不礼貌的行为。客人将要离开的时候还要喝欢送茶。其间，主人会派专人细心照顾好客人乘骑的马匹，待客人出门时，主人会把一些奶制品、糕点或酒装在客人盛礼物食品的褡裢或其他物件里。全家出门相送，并诚挚地祝福客人一路平安，欢迎客人下次再来，然后目送客人远去，以示尊敬。

蒙古人在家庭聚餐时也很讲究敬茶礼节。晚辈给长辈敬茶时分为三种情形：男人给长辈敬茶时，要单腿下拜，双手奉上茶，长者会教导他们要有孝心、有爱心、有责任心；儿媳给婆婆敬茶时，双腿下跪，举起右手同时伸开手掌，向头右侧摆动三下，表示叩拜请安，婆婆会告诫她们要与长辈和睦相处、与丈夫举案齐眉；女儿给父母敬茶时，双膝下跪，连叩三个响头，父母会预祝女儿将来嫁个如意郎君、一辈子平安幸福。如进餐时正好有邻居拜访，邻居们会祝福饭食丰盛、茶点味美，主人也会对邻居诚挚的祝福表示感谢。

地方茶俗

除了各具特色的民族茶俗外，在我国广阔的疆域内还存在着多种地方茶俗，从这些茶俗中我们可以了解到茶在中国的每一方水土中都融进了别样的情韵。

北京大碗茶

早年在汉民族居住区，无论是在道路旁、码头上、凉亭里，甚至是林里田间，都能随处可见喝大碗茶的人。这种饮茶风尚盛

行于我国北方地区，北京的"大碗茶"更是闻名遐迩。

在著名的京韵大鼓《前门情思大碗茶》中，有一段饱含对北京大碗茶深情怀念的唱词："吃一串冰糖葫芦就算过节，他一日那三餐，窝头咸菜就着一口大碗茶。世上的饮料有千百种，也许它最廉价，可谁知道，谁知道，谁知道它醇厚的香味儿，饱含着泪花，它饱含着泪花……"如今的北京大碗茶在其饮料身份之外，也寄托着一些旧时的情感，就像冰糖葫芦、兔儿爷一样成为了京俗京韵的符号。

以前，卖大碗茶的多是些没有其他谋生技能的穷人。他们有的挑个担子，担子的一头是周身包了一层棉套的绿釉龙头大瓦壶，壶内是茶叶末，冲入滚烫的开水便成了一壶浓酽的茶水；另一头是一个装了几个大糙碗的荆条篮子或大木箱，为了与担子另一头大瓦壶的重量保持平衡，往往再在上面压一块大砖头。然后他们挑着担、沿着街，甩开了嗓子大声吆喝："谁喝碗热茶！"他们中也有支个茶摊，摆上一张桌子、一个大壶、几个大糙碗、几张条木凳的。店家大壶倒茶，客人亦大碗畅饮，好不爽快。像这样喝"大碗茶"都是为了提神解渴，过往客人也只是把茶摊当做解渴小憩的好场所，至于茶具是否讲究、茶叶是优是劣、水质是好是坏对他们来说都不重要。

还有些北京人对大碗茶有另一种"喝法"，喝的就是个讲究。讲究茶叶、讲究水，讲究茶具，更讲究怎么个沏法、怎么个喝法。北京城有的是好茶叶店，花茶、绿茶、乌龙茶，云南的沱茶，蒙藏人爱喝的砖茶，什么样的茶都买得着。因为喝的是讲究，一般的茶馆无法满足他们的需求，所以他们都是买了茶叶，回到家里头自个儿细斟细品去。当然，讲究得起的茶客毕竟不多，大多数人还是选择去茶馆喝这"大碗茶"。清朝时期是北京茶馆最兴盛的年代。那时候，北京城的街面上，到处都是大大小小的茶楼、茶园、茶馆，一天到晚，接待着三教九流的茶客。茶馆是个公共场所,是各类社会信息聚集和传播的地方。茶客们在这儿评茶、论鸟、拉家常、讲时事、会朋友、谈买卖,一坐就是半天,花钱不多,收获不少。有些茶馆为了招徕生意,又搭起舞台,添上大鼓、评书、京戏,使茶馆又变成了娱乐场所。北京城有名的广和、天乐、同乐等大戏园子,早先都是茶园。

广东的早茶

谈及广东的传统文化,早茶绝对是其中浓墨重彩的一笔。每逢周末或假日,广东人便扶老携幼,或约上三五知己,齐聚茶楼"叹早茶"。"叹"在广东话中是享受的意思,由此可见,喝早茶在广东人的心目中是一种愉快的消遣。

清咸丰、同治年间,饮茶文化流传到广东,广东人从此爱上了饮茶。当时有种"一厘馆",门口挂个木牌,上面写着"茶话"二字,屋内只有些简陋的木桌板凳,供客人歇脚叙谈、吃糕点。之后有了"茶居"(居即隐,意为"躲起来"),专供一些悠闲的人在此消磨时间。随着经营规模的扩大,"茶居"后来改名"茶楼"。当时在佛山,有些人甚至买下土地建起几层楼高的茶房,把整栋楼都用来经营茶事。从那时发展到现在,茶楼已经越来越专业,内容越来越多样,装修也愈加气派。今天,早茶中茶水已经成为了配角,但茶点却愈发精致多样,喝早茶的传统随着广东经济的迅速发展不但没有消失的迹象,反而越来越成为广东人休闲生活中一道亮丽的风景线。比较旧时的"一厘馆"和现在的酒店茶楼,可以窥得广州"早茶"内容和形式上的巨变,但其本质却是不以时间的流逝为转移的。以前广州"妙奇香"茶楼上有一副对联说:"为名忙,为利忙,忙里偷闲,饮杯茶去;劳心苦,劳力苦,苦中作乐,拿壶酒来",可以看出,正是因为

▶ 广东的早茶

早茶的主题始终没有脱离情趣性、休闲性、交际性和经济性，才使得它可以广为风靡，流传至今。

广东早茶的茶水以红茶为主，取其暖胃去腻，利于消化之用。常见的还有乌龙茶、铁观音、普洱茶，有的人也喜欢喝菊普茶，即在普洱茶中加入菊花，取其清凉祛火之效。红茶色深红，汤浓稠，味苦涩，虽在视觉和味觉上都不如绿茶，但却与广东早茶中味道浓郁的茶点成为绝佳搭配。茶点在广东早茶中的地位极为重要。茶点分为干湿两种，干点有饺子、粉果、包子、酥点等，湿点则有粥类、肉类、龟苓膏、豆腐花等。其中又以干点做得最为精致，卖相甚佳。如每家茶楼必制的招牌虾饺，即以半透明的水晶饺皮包裹两三只鲜嫩虾仁，举箸之前已可略为窥见晶莹中透出一点微红，待入口后轻轻一咬，水晶饺皮特有的柔韧与虾仁天然的甜脆糅合出鲜美的口感，叫人回味无穷。又如某些高级茶楼特制的燕窝酥皮蛋挞，几层金黄酥脆的蛋挞壳内盛着嫩黄色、丝丝通透的燕窝，甫见之下已叫人食欲大开，更不用说入口以后燕窝的甜蜜柔软与酥皮的粉香酥脆完美结合，美味得让人欲罢不能。而各色粥点，如及第粥、皮蛋瘦肉粥、生滚鱼片粥等，皆以绵软顺滑的粥底，配上不同的肉鱼蛋类，再以香脆

虾片、青嫩葱花佐之，撒上一小勺胡椒粉，喝来真是绵糯爽甜、鲜味浓郁。难怪广东人无论是朋友聚会，商务会谈还是平时的休闲消遣都喜欢去茶楼了。来壶暖胃去腻的茶水，再叫上几盘令人垂涎欲滴的点心，这样边喝边聊、边吃边谈，既解决了个人的温饱问题，又交流了信息甚至谈成了生意，一举多得，何乐而不为？这种嗜"早茶"，爱"叹茶"的习俗使得广州的茶楼业经久不衰、历久弥坚。

广州人饮茶只需注意一点：主人为宾客斟茶时，宾客需用食指和中指轻叩桌面，表达谢意。相传乾隆皇帝微服私访下江南时进茶馆喝茶，一时兴起，竟然主仆倒置，为随行的仆从斟起茶来。照当时的规矩，接受主人赏赐时仆从要跪着，但为了隐藏乾隆的身份，仆从急中生智，将食指和中指弯曲做成屈膝状，并轻叩桌面代替下跪。这个故事流传下来，叩指便渐渐演变成客人在主人为其斟茶时所做的一种答谢礼仪，直到现在依然流行于岭南及东南亚的华人聚居区。

除早茶外，广州人的饮品还包括午茶、晚茶、闲暇时在家里饮的"工夫茶"和凉茶。凉茶就是把金银花、菊花、桑叶、淡竹叶等中草药煎水作为饮料，其药性寒凉、清解内热，在湿热的广州早已成为人们的生活必需品。广州凉茶有一段悠长的历史，如历来为广州人所推崇的王老吉凉茶就形成于清嘉庆年间（1796—1820）。另外，金银菊五花茶、石歧凉茶、生鱼葛菜汤等传统凉茶也都受到广州人的青睐。

成都茶馆

在成都，有一道独特的都市风景线——茶馆，有广为流传的那句"四川茶馆甲天下，成都茶馆甲四川"为证。茶馆最能体现

成都人的闲适生活，所以到了成都，就一定得去茶馆走走。成都茶馆多处在闹市街头，茶铺、茶楼、茶坊林立，透着现代的繁华气息，而其古朴的装修，却又带着些雅致闲适，真可谓是现代与传统的完美融合。成都茶馆多，遍布大街小巷，高中低档一样不缺，人人都消费得起。成都人生活在这样的环境中，自然养成了品茶的习惯。走在成都的大街上，经常可以听到当地人带着浓浓的川音说："走，坐茶铺子去。"

成都的茶馆很"俗"，不是庸俗，而是很通俗，是一种民俗。雅间都分为三六九等，供各种层次、各行各业的人消费，与他处茶馆有着迥异的格局和气氛。本地作家陈世松在《天下四川人》一文中提到：北方茶馆是高方桌、长条凳、提梁壶泡茶，正襟危坐，喝得累人寡味；川东一带，喝老荫茶，一根根的长木板凳，纯属喝水解渴歇口气的，是"无茶无座"（成都人不认为老荫茶是茶）；南方的茶馆装潢华丽，待客以自制的点心为主，是"有座无茶"；成都的茶馆"有座、有茶、有趣"。

成都人喝茶讲究舒适、有味。四川产竹，茶馆的椅子都是代表四川特色的竹靠椅，让茶客想躺就躺、想坐就坐，讲个舒服。茶馆内卖报的、擦鞋的、修脚的、按摩的、掏耳朵的、卖瓜子豆腐脑的，穿梭往来，服务项目花样繁多，也算成都茶馆一景。

冲茶是成都茶馆里的绝活，表演起来如同杂技一般。正宗的川茶馆里往往少不了紫铜长嘴大茶壶、锡茶托、景瓷盖碗这些冲茶的道具。待一桌茶客入座后，身怀绝技的"茶博士"（倒茶跑堂的）便冲上茶来。他们右手提个锃亮的紫铜壶，左手分开的五指间夹着七八个茶碗、茶盖、茶托，只一挥手的功夫，茶托已伴着串串清脆的叮当声滑到了每个茶客面前，盖碗也都四平八稳地端坐其上。然后"茶博士"一手运足臂力提壶，一手从容翻盖，紫铜壶便如龙珠吐水般将一根白线点入碗中。茶客还不及

▲成都茶馆

　　看，碗盖已然合上，却没有一滴茶水泼洒在桌上，甚是精彩。冲茶过程中体现出来的这种优美韵律和高超技艺，让人茶还未入口，便兴致勃勃了。"泡"是成都茶馆的灵魂。一年四季，从早到晚，随时都可见到茶馆中那些怡然自得的茶客。民俗中有一条词汇叫做"吃闲茶"，也指"吃早茶"，是说早晨醒来后，细直奔茶馆，喝壶茶润喉、清肺、定神，然后再回家刷牙、洗了脸去上班；还有条词汇叫"半个旅馆"，是说老百姓下班后就着一壶茶便可以坐到店面关门，洗完脚再回家休息。

潮汕工夫茶

小小茶馆，宛如一个自成一体的小社会、小舞台：各行各业的人在这儿聚了又散，天南地北的游客在这儿停了又走，在这里，职业、地域的界限似乎也不那么清晰了。来这里的人就着自己的关系网与客户谈生意、与朋友叙旧情、与恋人诉衷肠、与老者消磨时光、与家人享天伦之乐……这不正是"杯里乾坤大，茶中日月长"吗？成都的茶馆不再只是一个地标，而是在潜移默化中成为了一种社会现象，尽情地展现着四川人特有的生活情趣和巴蜀文化恒久的魅力。

潮汕工夫茶

潮汕人讲究喝茶由来已久，早在宋代，至少在上层社会中已有酒后上茶的习俗。至明代中叶，饮茶已成为潮汕人日常生活中不可或缺的内容，从殷富人家到普通人家，莫不如是。后到清代，潮汕发展出了工夫茶（一说工夫茶始于宋朝），并成为了一种风尚。这里所谓的工夫茶，并非一种茶叶或茶类的名字，而是一种泡茶的技法。因为这种泡茶方式极为讲究，操作起来需要一定工夫，所以叫工夫茶。民国时期，潮汕工夫茶的饮用范围进一步扩大，除了较富有的商号、仕宦人家、文人学士用其招待客人和自我消遣之外，教书先生等读书人也常常以之遣兴，潮谚有"坐书斋，喝烧（热）茶"的说法。另外，手工艺人也以茶解乏，乡镇中的闲人也喜欢聚众喝茶消遣，可见工夫茶流传之广。

新中国成立后，普通民众饮用工夫茶的风气在潮汕推而广之，成为更加大众化的习尚。真可谓"有潮汕人的地方，就有工夫茶"，"能说潮汕话，就必定能讨到一杯茶喝"。无论是嘉会盛宴，还是闲处逸居，乃至工棚店铺，甚至田头路边，随处可见一幅幅擎杯提壶，长斟短酌的情趣画卷。冲饮工夫茶成为潮汕地区普遍的民俗活动。

潮汕人饮工夫茶时喜欢在茶盘上放三个茶杯，寓三人之意。人多了会觉得吵闹，耳根子不清净，凑不足三人又会觉得缺少谈资，彼此兴致索然。有句话说"头冲脚席，二冲茶叶"，因此第一冲茶不能饮，如果让客人喝第一冲茶就有欺负人家的意思。冲茶时要让每个杯里的茶水水色都一样，表示一视同仁，因此切忌一杯冲满后再冲另一杯。敬茶时杯中的茶水不能盛满，否则有对人不敬之意，是所谓"酒满敬人，茶满欺人"，因为盛满后客人容易烫着，若是烫得客人失手打破了茶杯、泼了茶水，客人也会觉得尴尬。冲出来的第一巡茶，主人如果抢先喝，会被认为是"蛮主欺客"或"待人不恭"。正确的做法是让长辈和有着较高地位和声望的人先喝，然后再从左至右向其他客人敬茶，接着是自家人，最后才是主人自己。如果中间又有客人到来或者茶叶冲了几次已经"褪色"，好客的主人会用新的茶叶重新冲茶，前者表示对客人的隆重欢迎，后者则体现出主人对客人的尊敬之情。

双手接过茶后，客人要摆出"三龙护宝"的姿势：右手拇指和食指端着茶杯的边沿，中指护着杯底。端茶时还要注意收紧无名指和尾指，且不能指向别人，否则就是对别人的不尊重。先拿茶盘上三个茶杯中的哪一杯是有学问的，一般先顺手势拿起旁边的一杯，最后的人才取中间一杯。饮茶时，先把茶杯小心地放到上唇边闻一下，品味茶香，然后一饮而尽。喝完后将杯底的茶汤倒在茶盘中，轻轻放下茶杯。如动作过大，发出刺耳的声音，会有强宾压主之嫌，最后嘴唇还要开阖几下做回味茶香状，并赞

赏主人泡茶技艺高超。客人要有眼力劲儿，茶色稀薄后主人若还不换茶，就说明久坐影响了他休息，或是他对自己已冷淡。这是主人在下逐客令了，此时客人就要识趣，起身告辞。

潮汕工夫茶的特色可以概括为五个字"和、爱、精、洁、思"。其中"精"字是突出的特性，是潮汕工夫茶的本色。纵观工夫茶的用水、茶具和一整套冲沏工夫，都贯穿着一个精致、精美的"精"字。

选茶时，潮汕人往往将福建安溪铁观音、武夷岩茶、潮汕凤凰单丛等乌龙茶作为首选。选水时又以山水最佳，江水次之，井水为下。"山顶泉轻清，山下泉重浊，石中泉清甘，沙中泉清冽，土中泉浑厚；流动者良，负阴者胜，山削泉寡，山秀泉神，其水无味"，可见，即使是水质最佳的山水，也还分个一二三等；江水应选择远离居民区的，这样可减少人为的污染；井水则反其道而行，最好在经常有人使用的井中取水。选好茶水后，接下来就是煮茶了。潮汕人常用绞织炭煮茶，这种木脂尽脱的炭敲之有声、碎之莹黑，点燃后，烟臭无存，甚至还可闻到一丝"炭香"。也有用橄榄核炭的，橄榄核炭是将橄榄剥肉去仁，取出核放入窑室用火烧，散尽烟气。这样的核炭最为珍贵，用它烧水时，蓝色的火焰不紧不慢地跳跃，但没有一点烟气。松炭、杂炭、柴草、煤之类的，往往就无法用来煮工夫茶了。

一个讲究的饮茶之家必须具备"十八般"茶具：茶壶、盖瓯、茶杯、茶洗、茶盘、茶垫、水瓶、水钵、龙缸、红泥火炉、砂铫、羽扇、铜筷、锡罐、茶巾、竹筷、茶几、茶担，这样才能配上"工夫"二字。所有潮汕人用的茶具都差不多，只是材质粗细略有差别。

煮工夫茶时，第一步是冶器。生起炉子，将砂铫中装满水后置于火上。如果听到砂铫中声音如松涛阵阵，说明水已经煮沸，此时在罐、杯中倒入一点砂铫中的沸水，先让它们有一定的热

度。第二步是纳茶。将茶倒在素纸上，按粗细进行分类，再把最粗的垫在罐底滴口处，最细的填在中间，中等的放在最上面。纳茶时罐中不能填太满，七八成就行了。第三步是候汤。"若水面浮珠，声若松涛，是为第二沸，正好之候也"，一沸太稚，三沸则太老。第四步是冲茶。高高地提起砂铫，慢慢地从壶口、壶边冲入滚烫的开水，而不要直冲壶心，中途也不要间断。第五步是刮沫。当白色的茶末浮起至凸出壶面时，拿起壶盖，从壶口平刮掉茶末，然后盖上。第六步是淋罐。盖定后，用滚水把壶淋一遍，这样做既可以去掉刮沫时残留的茶末，又可使热气内外夹攻，逼使茶香迅速挥发。第七步是烫杯，即淋罐之后的淋杯，又叫"烧盅"。"烧盅热罐，方能起香"，所以这也是一道不可忽视的工序。淋杯时，汤最好直接注入杯心；淋杯后，马上清洗茶杯，倒掉洗杯水。最后一步是洒茶。经过淋罐、烫杯、倾水后就是洒茶的大好时机。洒茶应不紧不慢。快了茶香出不来；慢了茶色过浓，导致茶味苦涩。洒茶时茶壶不宜过高，否则泡沫丛生，茶香散尽。此外，洒茶要各杯轮匀，谓之"关公巡城"，还要余沥全尽，谓之"韩信点兵"。

洒茶过后，各人都趁热端起茶杯，当嘴唇接触到茶杯的边缘，茶香便扑面而来。喝完后，要闻一下杯底，品味余香。翁辉东先生曾领略到工夫茶的精髓，他感慨道："味云腴，食秀美，芳香溢齿颊，甘泽润喉吻。神明凌霄汉，思想驰古今。"

异域茶俗

随着中外文化交流的

▲印度拉茶

不断深入，起源于中国的茶不断地被传播到世界各地，并与当地的风土人情相融合，开出了茶道中的朵朵奇葩。

舔饮印度茶

一位前来印度观光的游客经历了这样独具印度风情的一幕："'Chai, Chai, garam（奶茶，热奶茶）'，你从梦中醒来，眼睛未及完全睁开，便叫住小弟，为自己要了一杯奶茶。茶装在土色的陶杯里，散发着奶香。你慢慢地喝完，环顾四周，此时的二等车厢里，几乎人手一杯茶，车窗外正闪过半池红莲、一群圣牛。"其实"人手一杯茶"的场景在印度随处可见，茶叶在在这个产茶大国和茶叶出口大国中，早已由一般的消费品上升为生活必需品。

印度茶（Chai）的发音借鉴了我国粤语中"茶"的发音，中文意思就是奶茶。若按中国茶的划分标准进行分类，印度茶属于发酵型的红茶，但是印度人加工红茶的方法又与中国有所不同：印度人喜欢将茶叶切碎，饮用时加奶或糖。

奶茶分"贵贱"两种，"贱"奶茶流行于贩夫走卒等等身份卑微的人当中，仅仅由奶和茶调制而成，奢侈点的也不过是加点生姜或豆蔻来调味。"贵"奶茶又称"香料印度茶"，印度名叫"Masala Chai"，Masala（马萨拉）是一种香料，用豆蔻、茴香、肉桂、丁香、胡椒等多种香料混合调制而成，将马萨拉与新鲜牛奶混合在一起，就成了深受王公贵族们青睐的"贵"奶茶。

气候条件的差异，造成印度南、北两地制作奶茶的方式差别很大。南部饮用的奶茶被称为"拉茶"。之所以叫拉茶，是因为此道茶在饮用之前要先从壶中倒出两杯，并来回倒来倒去，就像在空中"拉"出了一条弧线。印度人相信这种制茶方式不仅可以

让牛奶的味道完全渗入茶中，而且还可让牛奶和茶叶的香味在拉茶过程中完全释放出来。制作拉茶时，先将大锅中的水烧热，然后加入红茶和姜煮沸，再加入牛奶，再次沸腾后加入马萨拉。煮好后将拉茶装入一个带龙头的大铜壶中。壶面上通常画着象征主神湿婆的一只竖眼和三道杠，也有的铜壶上会挂着鲜艳的茉莉花串。北部饮用的奶茶叫"煮茶"，此道茶的制作工序十分简单，只需在小铝锅中倒入牛奶，置于煤油炉上加热，待牛奶沸腾后加入红茶，再以小火慢熬几分钟，最后加糖、过滤、装杯即可。

印度人的喝茶方式不同于世界上任何一个国家——他们喜欢把奶茶盛在盘中，用舌头舔着喝。

英国茶情调

"如果你发冷，茶会使你温暖；如果你发热，茶会使你凉快；如果你抑郁，茶会使你欢快；如果你激动，茶会使你平静。"英国前首相威廉·格拉德斯的这句话道出了茶对英国人生理、心理上产生的巨大影响。历史上从未种过一片茶叶的英国人，在中国茶向西方各国传播的过程中，不仅得到了茶叶，还形成了一种真正的文化——英国红茶文化。其中，英国人用舶来品创造的"英式下午茶"更是红茶文化的核心内容，其内涵丰富、形式优雅，有着自己独特的品饮方式。

17世纪，产自中国福建的绿茶经由荷兰传至英国，当时茶价奇高，就连中上阶层都很少有人买得起，所以酒类依然是皇宫中的主要饮品，而茶却仅仅被当做养生保健品来贩售。直到1662年，嗜茶的葡萄牙公主凯萨琳嫁给了查理二世，茶才真正进入英国人的日常生活。当年公主的陪嫁品包括221磅红茶和多

套精美的中国茶具。成为皇后后，她高雅的品饮表率，引得贵族们争相效仿，饮茶很快成为了彰显身份的象征。在当时，茶盒是被锁起来的，钥匙交由女主人保管，只有在宴会待客时才能打开。即使是客人喝剩的茶渣，女仆们都会偷着拿到街市上去卖，还能换回不少外快。这种上流社会的专属享受直到1826年才得以普及到平民中去。这一年，英国人在印度北部山区偶然发现了漫山遍野的野茶树，于是茶叶开始变得比啤酒还要便宜。自此，从英格兰的多佛到苏格兰的阿伯丁，几乎全英国都流行起了喝红茶。也正是在这时，红茶真正进入了英国民间，成为普遍且不可或缺的日常饮品。

维多利亚时代（1837—1901）是大英帝国的极盛时期。当时英国的文化艺术蓬勃发展，人们开始醉心于探索艺术文化的内涵、追求精致的生活品味。下午茶就在这样的时代背景下被发掘出来，并渐渐流行于整个宫廷，成为一种崭新的社交方式，即"英式下午茶"。下午茶出现之前，贵族们需要在简单的午餐后以十分的耐心等待皇家晚宴的开始。正是在这样百无聊赖的等待中，安娜玛丽亚——贝德芙公爵的夫人，找到了一种既可以消磨时光、又可以填肚子的方式：吃下午茶——一杯茶、一两片奶油面包。安娜玛丽亚觉得这种生活方式不错，便开始举办下午茶会，邀请朋友加入。大家在茶会中叙家常、谈时下流行的服饰和名人丑闻等，等待的时间很快就过去了，而且大家在茶会后都有了自己的满足感。就这样"英式下午茶"受到越来越多人的认可，然后逐渐流传开来。

诞生于维多利亚时代的"英式下午茶"在同时代就已经规范出了一套相当正统的茶礼仪。喝下午茶的准确时间是下午四点钟（就是一般俗称的Low Tea）。需要的茶具有：瓷器茶壶，大小

可以是两人壶、四人壶或六人壶，具体依招待客人数量的多少而定；放过滤器的小碟子及滤匙；杯具；糖罐；奶盅瓶；三层点心盘；茶匙（与杯子摆成45度的夹角）；七英寸的个人点心盘；茶刀（涂奶油及果酱用）；吃蛋糕的叉子；放茶渣的碗；餐巾；一盆鲜花；保温罩；木头拖盘（端茶品用）。象征维多利亚时代贵族生活风范的蕾丝手工刺绣桌巾或托盘垫是重要的配饰。在茶的选用上，专用茶是大吉岭红茶与伯爵茶，传统纯味茶如火药绿茶或锡兰茶也可以，如果是喝奶茶，要注意先加牛奶再加茶。在点心的配备上，正统英式下午茶的点心往往用三层点心瓷盘装盛，第一层放三明治，第二层放传统英式点心Scone（烤饼），第三层则放蛋糕及水果塔。吃的顺序是从下往上。吃Scone时要先涂一层果酱，再涂一层奶油，吃完一口，再涂一口。在服饰上，男士们要求穿燕尾服，戴高帽，手持雨伞；女士们穿礼服，戴帽子。一般情况下由女主人着正式服装亲自为客人服务以表示对来宾的尊重，不得以时才能请女佣们协助。

下午茶会在英国被视为社交的入门场所，时尚的象征，是英国人招待朋友的最佳形式。在铺有纯白蕾丝花边桌巾的茶桌上，享用中国瓷器或银制茶具中的极品红茶，在曲必悠扬典雅，花必清芬馥郁的古典氛围中享用各种各样的精制茶点。英国人就在这美妙的茶香之中度过午后的闲暇时光，这就是英国优雅自在的"红茶文化"的精髓之所在。虽然在现在下午茶的形式已经日趋简化，但正确的冲泡方式、优雅的摆设、丰盛的茶点，则被视为吃茶的传统而保留至今。在高楼之上或是隔着玻璃幕墙，一边享受下午茶，一边看着午后街头的匆匆脚步，或是悄然独坐，或是约上一二好友闲谈，在如梦的人生中增添几许温暖，这也许就是源自遥远的维多利亚时代的下午茶的真义。即使有天大的事，

也得恭候英国人喝完了下午茶再说，这是雷打不动的规矩。恰如一首英国民谣所唱的那样，"当时钟敲响四下时，世上的一切瞬间为茶而停。"

在英国，除了下午茶外还有许多名目繁多的茶宴（Tea Party）、花园茶会（Tea-in-garden）以及周末郊游的野餐茶会（Picnic Tea），真可谓花样百出。如今的英国人在传统红茶中还添加了各类鲜花、水果以及名贵香料，配制成当今非常流行的花茶、果茶和香料茶。至于加糖、加奶或柠檬的标准比例，并无严格规定，只看个人喜好。不过基本原则是浓茶加奶精会口感润滑，淡茶或加味水果茶或以喝原味为好。

粗略计算一下，英国人一生的三分之一是Tea time（饮茶时间）。早晨起床后，丰盛的早餐外加一壶香浓的红茶便是英国人最完美的享受；上午10点，无论是赋闲在家的贵族还是繁忙的上班族都会喝上一杯茶，此即"便餐"；午餐后，英国人通常会喝一杯奶茶除乏解困；下午4点左右的下午茶是英国人最为重视的，那时，随处可见惬意的英国人伴着舒缓的音乐品茶、吃点心，显露出一种贵族味十足的英式情调；在正式的晚餐中，茶又是英国人开胃生津的必需饮品。"茶壶送进书房来时，房间里立即弥漫着沁人心脾的芳香。一杯茶落肚后，整个身心得到了极好的慰藉。绵绵细雨中散步归来，一杯热茶所提供的温馨美妙得难以形容。"英国文学家乔治·吉辛所著的《亨利·莱克洛夫特的一生》中的这段话，形象地反映出了红茶在英国人生活中无可取代的重要地位。

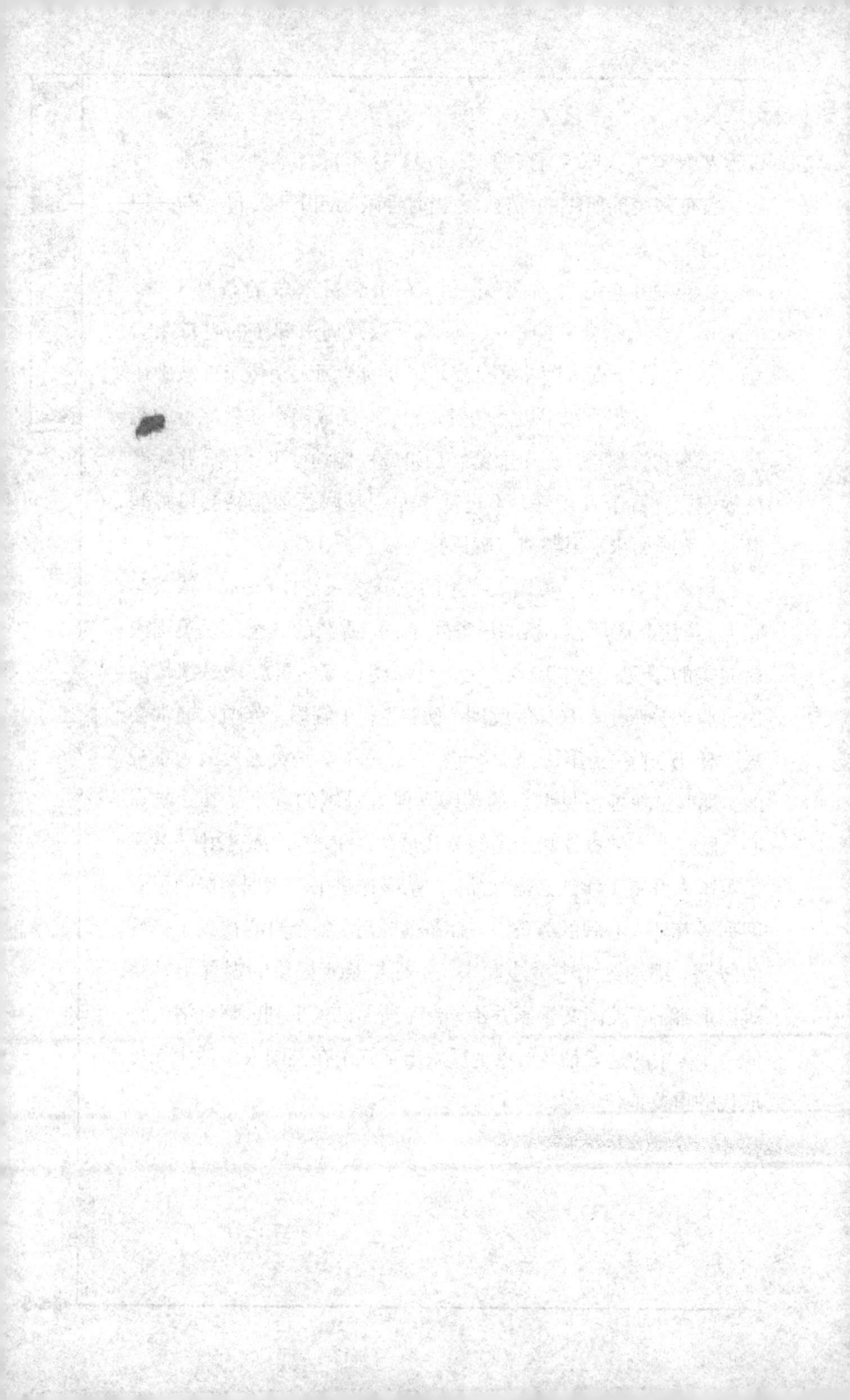